U0053088

SDGs 永續計畫

The beginner's guide to carbon neutral

新時代的減碳行動

砂田優花／著

森川 潤／協作

黃詩婷／譯

三民書局

目錄

※ 本書中記載之內容若無特殊情況，則為 2022 年時的最新資訊。

序言

我們是為了尋找居住起來舒適的星球，
在宇宙中旅行好幾百年的「莫爾星人」。

大概在 300 年前，
我們偶然發現了一個叫做「地球」的行星，
馬上就決定要住在地球上。

地球上有許多水資源和美麗的大自然，
我們確定能在這裡過得很舒服。

摩路路

喜歡閱讀，每天都在翻閱地球相關的書籍。雖然人類看不見他，但是他的生活與人類非常相似，假日的時候也喜歡到外面曬曬太陽或散步。

波魯魯

摩路路的孩子。好奇心旺盛，所以會一直問摩路路問題。非常喜歡動物，最自豪的就是自己能夠很快與狗狗培養出感情。

一起旅行的夥伴們

一回神才發現我們已經住在地球上 300 年了。

我們在地球上生活，
學習關於地球的知識、以及其他各種事情，
也非常用心地觀察自然界及生物的樣貌。

所以我們很明白，
地球已經發生變化了。

下暴雨的日子變多了、好長一段時間的氣溫都太高，
發生了許多以前不會發生的事情。
還有一些從前和我們感情很好的動物們，
甚至再也不見牠們的蹤影。

我們現在也是地球的居民，
所以正在研究怎麼樣才能阻止這種變化。

而我們發現的關鍵字就是「減碳社會」。
大家或許沒有聽過這個詞彙、覺得好陌生又困難，
但是為了保護大家一起居住的地球，
這件事情真的非常重要。

好了，翻到下一頁，和我們
一起學習「減碳社會」吧。

何謂減碳社會？

以下先來看看，這本書當中要介紹的「減碳」究竟是什麼？雖然這對地球的未來好像很重要，不過這與我們的日常生活到底有什麼關係？

什麼是「減碳」？

大家有沒有在看新聞的時候聽到過「減碳」這個詞彙呢？所謂的減碳，簡單來說就是「不要排放二氧化碳」吧。人類平常在生活當中會排放出很多二氧化碳這種氣體，不過大家知道問題究竟出在哪裡嗎……？

何謂減碳

盡可能減少二氧化碳的排放量

何謂二氧化碳

這是一種碳與氧結合在一起的東西，它是無色也沒有味道的氣體。化學式*寫作 CO_2。

*將物質結構用英文和數字來表示的方法

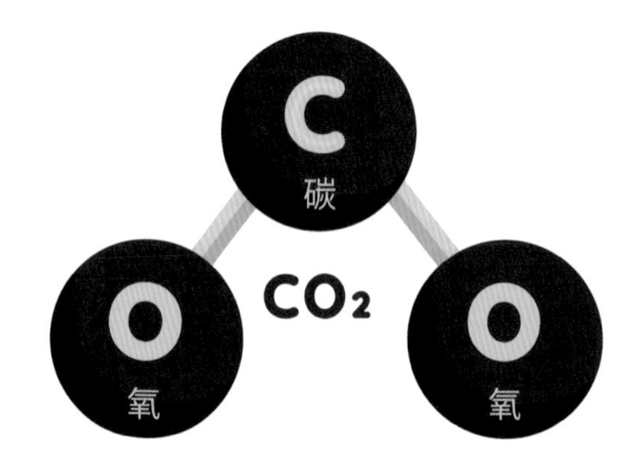

(年)1750　1800　1850

全世界二氧化碳排放量（2021 年）

371 億噸

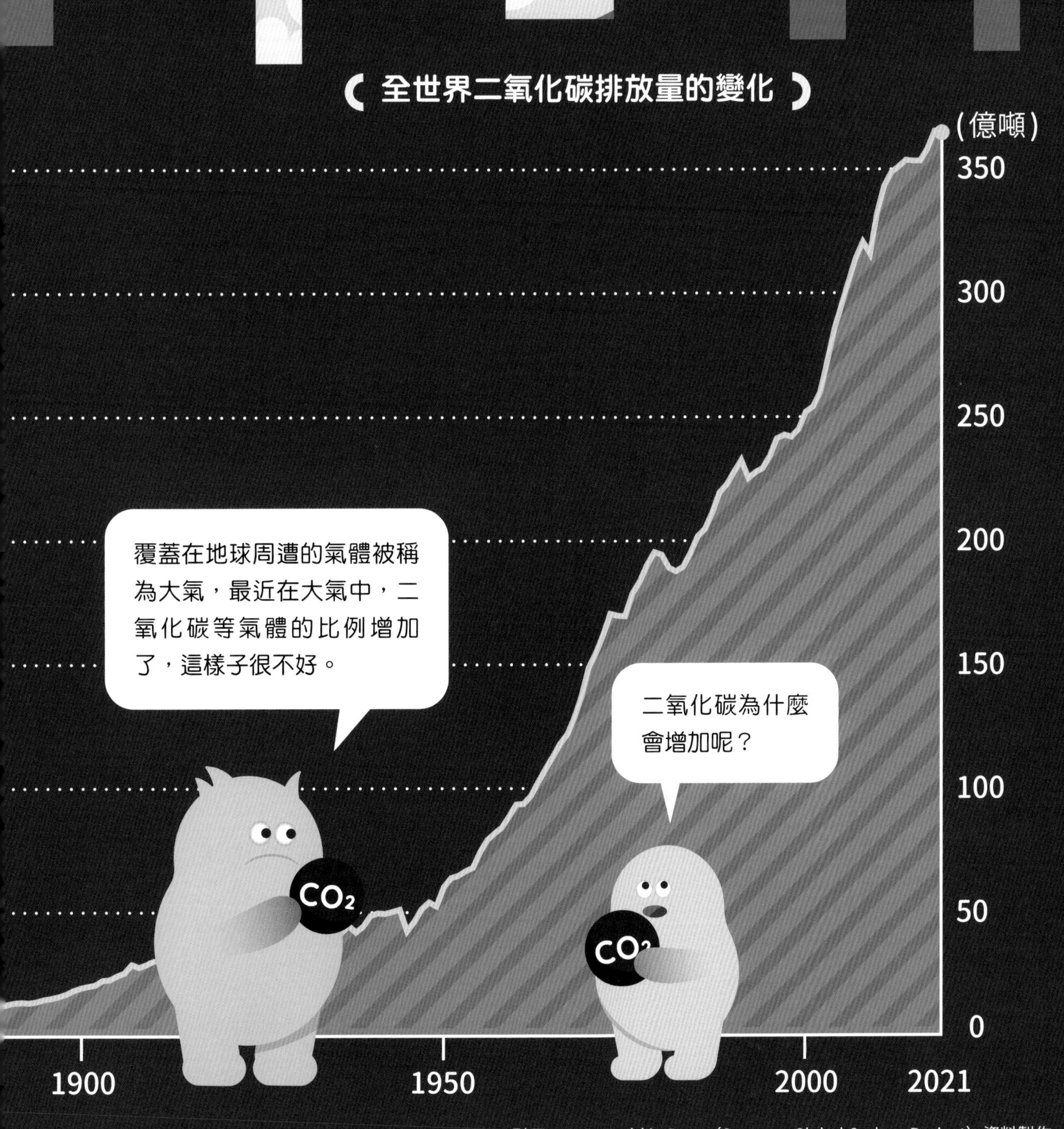

引用：Our World in Data（Source：Global Carbon Project）資料製作

為什麼二氧化碳會增加？

比方說，我們在呼吸的時候會把二氧化碳吐到空氣當中，而植物為了行使光合作用會吸收二氧化碳，因此二氧化碳能夠在地球上循環。但是，如果使用大量化石燃料，就會排放出更多二氧化碳，原先的循環也會失去平衡，如此一來，空氣中的二氧化碳比例就增加了。

以前的地球

二氧化碳在地球上循環，排放量和吸收量幾乎相等。
因此留在大氣當中的二氧化碳就會維持一定的量。

留在大氣中的二氧化碳為定量

生物在呼吸和活動的時候會排放二氧化碳

森林吸收二氧化碳行光合作用

海洋釋放二氧化碳

二氧化碳會溶解在海水當中，因此海洋也會吸收二氧化碳

什麼是光合作用

利用太陽光，將二氧化碳和水製造成氧氣及植物成長所需要的成分。

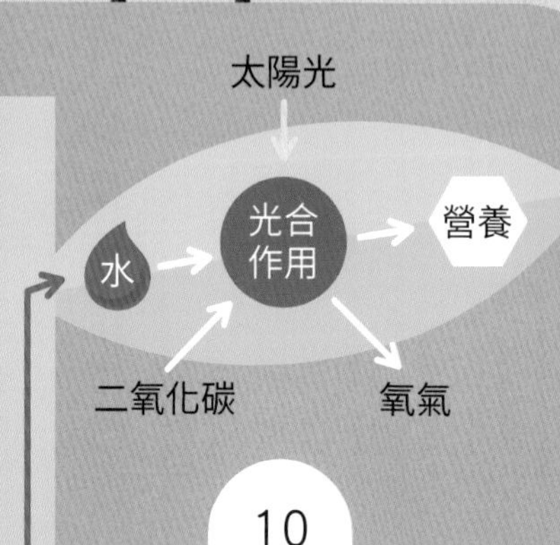

大氣中的二氧化碳濃度變化

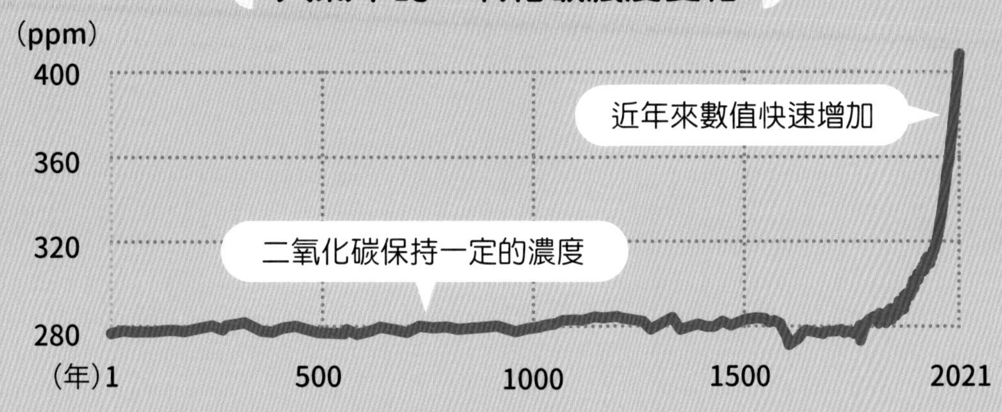

※「ppm」是「parts per million（一百萬分之一）」的意思，用來作為大氣中二氧化碳的濃度單位
引用：以 Our World in Data（NOAA/ESRL Global Monitoring Division）之資料製作

現在的地球

使用大量化石燃料，排放的二氧化碳量比以前多，因此環境失去平衡，
留在大氣中的二氧化碳量也增加了。

留在大氣中的二氧化碳量變多

海洋吸收二氧化碳

海洋釋放二氧化碳

森林吸收二氧化碳

二氧化碳排放量
大幅增加

森林遭到採伐，因此森林
的吸收量也減少了

下一頁我們就來看看，讓二氧化碳
排放量增加的化石燃料是什麼。

化石燃料是什麼？

從西元 1700 年前後，人類開始將化石燃料拿來燃燒，將這種東西當成能源以後，讓人類的生活變得方便許多。然而，這種化石燃料燃燒得越多，它產生的二氧化碳就越多。

什麼是化石燃料

原先是很久很久以前的生物屍骸，由於地下的熱能以及土壤或海洋的重量而變成像是化石一樣的東西，又過了好久好久，就變成一種資源。

主要的化石燃料

燃燒化石燃料能夠獲得相當大的能源

世界能源消費量變化

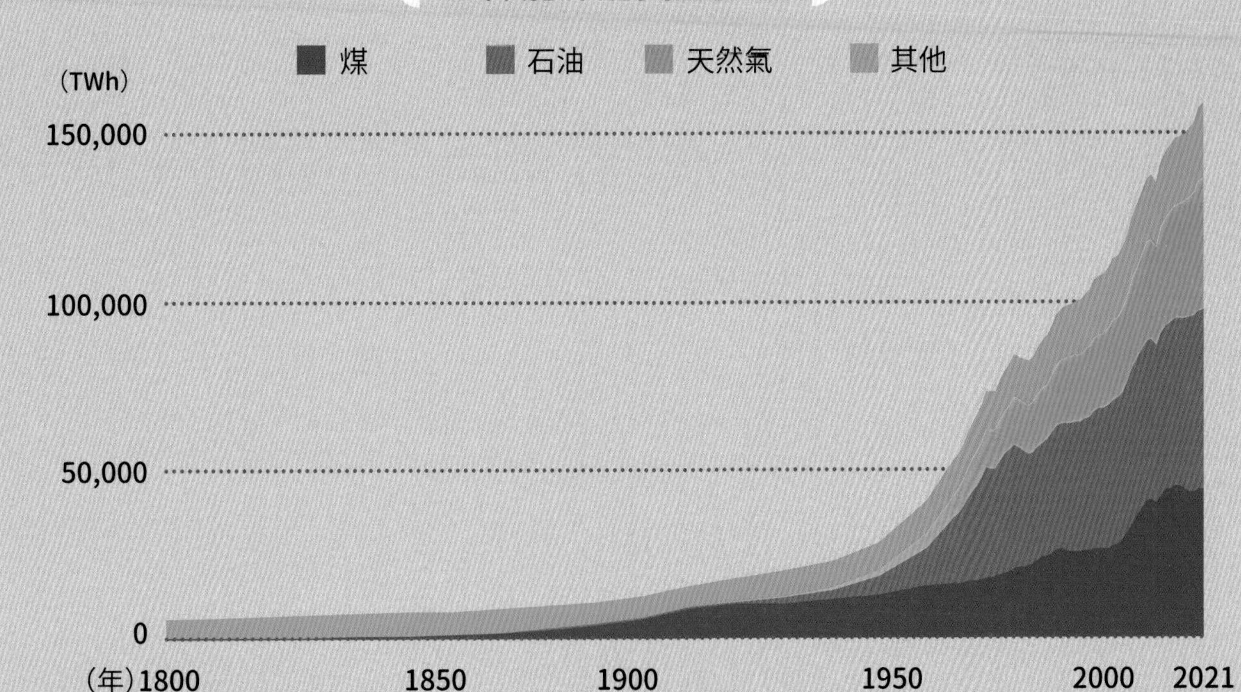

引用：根據 Our World in Data（Source：Vaclac Smil（2019）and BP Statistical Review of World Energy）資料製作圖表

由於人類在 1700 年代後半展開「工業革命」，將原先由人類自己手工進行的工作交給了機器，也因此製造出許多相當方便的產品。同時使用了大量的化石燃料，來作為這些工作的能源。

燃燒化石燃料就會排放出二氧化碳

化石燃料當中充滿碳元素（C）

燃燒以後就會和空氣中的氧結合

於是排放出二氧化碳

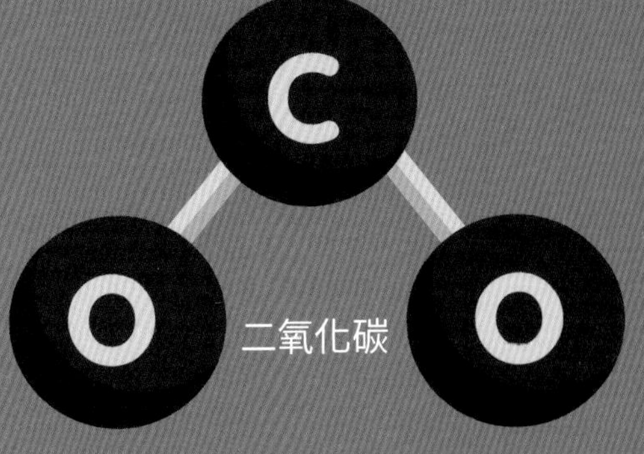

二氧化碳增加的話，會造成什麼問題？

二氧化碳又被稱為溫室氣體，這種氣體的性質是讓地球變得更加溫暖。溫室氣體在大氣當中的含量並不多，工作就是負責維持地球的溫度。它的工作非常重要，然而一旦增加太多的話，又會造成其他問題。

溫室氣體適宜的地球

1 太陽的熱能傳到地球上

2 地球表面升溫

3 熱能從加溫的地球表面以紅外線的形式釋放出來，一部分會散逸到宇宙當中

溫室氣體

4 溫室氣體吸收了紅外線，將當中的一部分折射回地球表面，讓地球保持溫暖

如果沒有溫室氣體，進來地球的熱能就會被彈出去、回到宇宙當中，這樣地球的溫度甚至會低到只有零下 19 度喔。

溫室氣體包含的種類

二氧化碳	74.4%
甲烷	17.3%
一氧化二氮	6.2%
氟氯碳化物	2.1%

溫室氣體包含了許多種氣體在內。二氧化碳在溫室氣體當中占的比例較高，對於地球的影響也較大。

引用：依照 Our World in Data（Source：Climate Watch, the World Resources Institute (2020)）資料製作

溫室氣體增加過多的地球

散逸到宇宙中的熱能變少了

溫室氣體

太陽的熱能傳到地球上

回到地球表面的熱量變多，地球溫度比以往還要高

地球的平均溫度靠著溫室氣體提升到 14 度以後，是相當宜人的溫度。但若溫室氣體增加太多，地球的溫度也會上升更多。這就叫做「全球暖化」。

全球暖化會造成什麼事情？

溫室氣體增加之後地球溫度上升，地球上的環境就會慢慢改變，也就會發生各種奇怪的事情。現在這個世界上就已經發生了好幾件怪事。這種狀況持續下去的話，地球很可能會變得大家都住不下去了。

傳染病增加

有些身上帶有傳染病（病原體）的動物，原先是住在天氣較為炎熱的地區，天氣變熱以後牠們能夠居住的地方也變寬廣了。像是會引發高燒的瘧疾等傳染病，就有增加的危險。

還有，持續暖化就會變得每天都很熱，也會對人類的健康造成影響，像是大家很容易中暑之類的。

可供居住的地方消失

南極和北極等寒冷地區、或者高山上的冰雪融化以後，水都會流進海洋當中，海水的量變多（海平面上升）之後，地勢比較低的土地、島嶼等處就有沉沒的危險。

發生異常氣象狀態

會出現先前大家都沒經歷過的炎熱氣候或寒冷日子、狂風暴雨，又或強烈颱風侵襲等。這都是因為地球暖化，才會發生與過去狀態大不相同的異常天候（異常氣象）。

飲水及食物不足

由於異常氣候的影響，會很容易發生長時間沒有降雨的情況，進而導致用水不足，也就是「乾旱」。一旦土地過於乾燥，農作物的收穫量也會減少。

生物會死去

生物只能夠在符合自己需求的環境當中生存，要是發生異常氣候、氣溫變化過大等，有些生物就活不下去了。

在臺灣已經發生哪些影響？

暖化已經對臺灣造成影響囉。最近新聞也很常報導暴雨或者颱風造成的災害對吧？這表示地球的變化已經來到我們身邊了。

氣溫不斷上升

↑ 1.4℃

※ 這 100 年左右全世界的年平均溫度變化
引用：National Oceanic and Atmospheric Administration (NOAA) 資料

海面水溫不斷上升

↑ 1.3℃

※ 這 100 年左右全世界的年平均海面水溫變化
引用：The International Union for Conservation of Nature (IUCN) 資料

對生物的影響

野生動物會破壞森林

在原先溫度較低的地區由於氣溫提升，讓原本在溫暖地區生活的動物也都能移居到那裡，這樣會把這些土地上的草吃光光。

鳥類面臨滅絕危機

有些鳥類居住在涼爽的山上，但是氣溫變高了以後，一些高山植物可能會很難活下去，鳥類失去住處和食物，也就面臨生命危險。

珊瑚會生病

海水溫度上升以後，珊瑚會由於壓力過大而變白（也就是白化）。如果持續白化下去將很難攝取營養，就會死掉。

對農作物的影響

對農作物的影響

由於氣溫變高，米會變成有點濁濁的感覺、或者是裂開，看起來賣相太差的話就賣不出去，而且這種米煮出來的飯也不好吃。

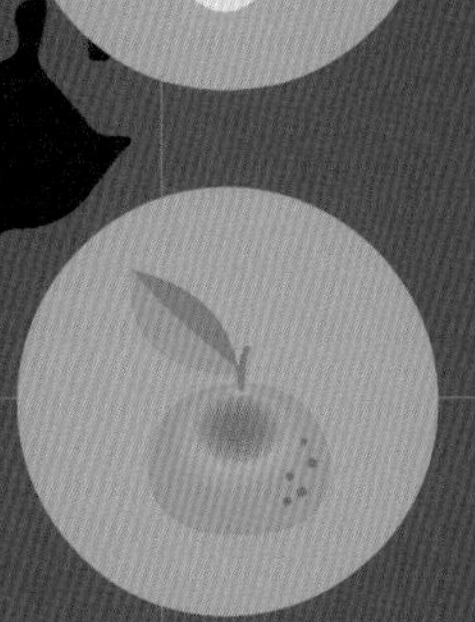

水果的顏色變得很醜

葡萄、蘋果、橘子這些水果的皮會因為高溫而變色，這樣一來就不漂亮了。

番茄會難以結果

高溫會對於花粉的功能產生阻礙，如果負責為花授粉的蜜蜂活動力也減弱，這樣一來農作物就很難結果了。

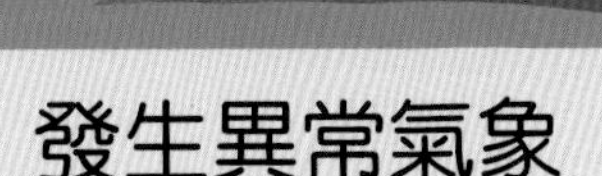

發生異常氣象

臺灣近年來主要的氣象災害

2018 年 8 月下旬豪雨

因熱帶性低氣壓與西南季風輻合產生劇烈降雨，為 2009 年後影響臺灣最劇烈、時間最長久的超大豪雨，有 5 個縣市傳出淹水災情，局部地區甚至持續淹水長達一個星期。

2022 年 10 月暴雨

受到東北季風不斷吹拂、尼莎颱風、奈格颱風、熱帶低壓影響，宜蘭地區整個月雨勢幾乎從未停歇，以月雨量 4,574 mm 成為臺灣史上單月總雨量冠軍。

2019年8月至今沒有颱風登陸

儘管臺灣依然時常受到颱風外圍環流影響，但從 2019 年 8 月 24 日的白鹿颱風，至今沒有颱風實際登陸過，缺乏降雨補水導致在枯水期時，南部地區農業用水不足。

2022 年 10 月奈格颱風

影響範圍包含菲律賓、臺灣、中國、越南，共造成 100 多人死亡。

要怎麼做才能讓暖化的影響縮到最小？

近年來大家已經能夠預測到，若是地球持續暖化，將來會變成什麼樣子。世界各國已經發現，如果暖化仍然繼續加速，將會變成非常嚴重的問題，因此大家一起建立了一個共通目標——「巴黎協定」，決議要將平均氣溫上升的程度壓在 1.5 ℃以內。

是讓暖化加速、或者是延緩暖化的速度呢……我們正站在這個分歧點上。

1.5 ℃以上

不到 1.5 ℃

世界平均氣溫變化預測

什麼是巴黎協定？

這是一個國際性協議，全世界為了要減少溫室氣體，所以大家一起決定的事情。2015 年的時候全世界決議由於「和工業革命前相比，現在的平均氣溫不能升高到超過 2 ℃，可以的話要努力壓低到不滿 1.5 ℃才行」，為此提出的目標就是「21 世紀後半要讓溫室氣體的排放達到淨零」。

必須要盡可能努力讓上升的數值低於 1.5 ℃，是因為一旦到達 2 ℃，暖化的影響就會非常嚴重。

1.5 ℃		2 ℃
3,200 萬～ 3,600 萬人	有糧食不足困擾的人數	3 億 3,000 萬～ 3 億 9,600 萬人
4 億 9,600 萬人	有飲水不足困擾的人數	5 億 9,000 萬人
與 1976 ～ 2005 年相比 為 2 倍	遭到洪水侵襲的人數	與 1976 ～ 2005 年相比 為 2.7 倍

引用：使用 IPCC 1.5 ℃特別報告書內容製表

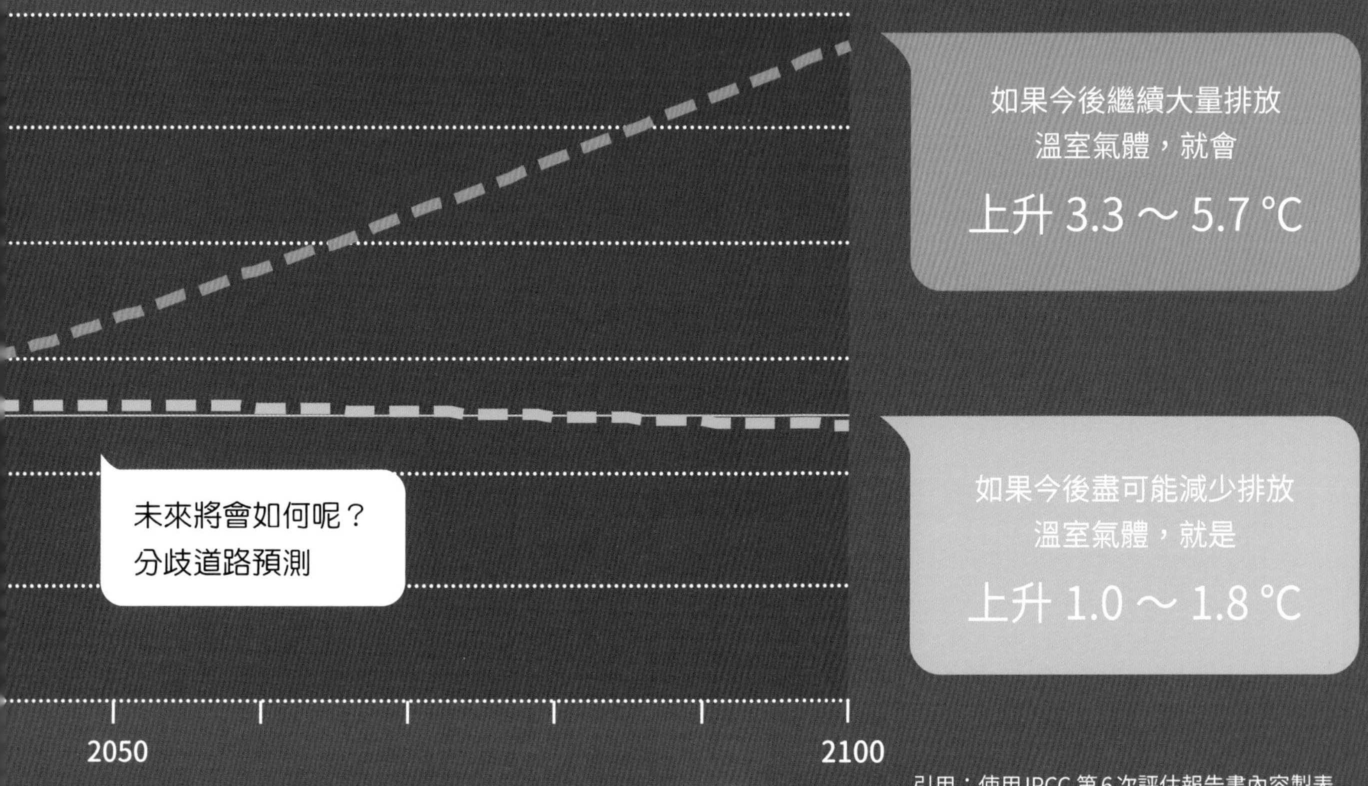

未來將會如何呢？
分歧道路預測

如果今後繼續大量排放溫室氣體，就會
上升 3.3 ～ 5.7 ℃

如果今後盡可能減少排放溫室氣體，就是
上升 1.0 ～ 1.8 ℃

2050
2100

引用：使用 IPCC 第 6 次評估報告書內容製表

為了 1.5℃ 這個目標，世界能做些什麼？

全世界為了不要讓暖化繼續加速下去，因此將目標放在建立一個「減碳社會」上，也就是要將二氧化碳等溫室氣體的排放量盡可能壓在最低。許多國家都設立了「到何時要減少多少溫室氣體」的目標，開始朝著減碳社會邁進。

世界主要各國的溫室氣體降低目標

美國

- 2030 年

與 2005 年相比，排放量要減少 **50～52%**

- 2050 年

排放量淨零

英國

- 2030 年

與 1990 年相比，排放量至少要減少 **68%**

- 2050 年

排放量淨零

加拿大

- 2030 年

與 2005 年相比，排放量要減少 **40～45%**

- 2050 年

排放量淨零

EU（歐盟）

- 2030 年

與 1990 年相比，排放量至少要減少 **55%**

- 2050 年

排放量淨零

俄羅斯

- 2030 年

與 1990 年相比，排放量要減少 **30%**

- 2050 年

排放量淨零

※ 尚未確定是否為單就二氧化碳而言的目標

※ 也包含並未向聯合國氣候變遷綱要公約大會報告的目標（2021 年 12 月 26 日）

中國

● 2030 年

到 2030 年為止，二氧化碳的排放量不能增加只能減少

以 2005 年的 GDP＊為準，與當時二氧化碳排放量相比，至少要減少 **65%**

● 2060 年

排放量淨零

（只有二氧化碳目標）

韓國

● 2030 年

與 2018 年相比，排放量要減少 **40%**

● 2050 年

排放量淨零

日本

● 2030 年

與 2013 年相比，排放量要減少 **46%**

● 2050 年

排放量淨零

印度

● 2030 年

與 2005 年的 GDP 水準之排放量相比要減少 **33～35%**

● 2070 年

排放量淨零

澳洲

● 2030 年

與 2005 年相比，排放量要減少 **26～28%**

● 2050 年

排放量淨零

臺灣

● 2030 年

與 2005 年相比，排放量要減少 **25%**

● 2050 年

排放量淨零

好多國家都把目標訂立為「排放量淨零」呢。但「淨零」是什麼意思啊？

這有點難耶。不過沒關係，下一章開始說明這件事情！

＊又叫做「國內生產毛額」，是用該國在一年內製造的商品和服務合計金額，扣除原材料等成本之後的金額。

引用：根據 UNFCCC「NDC Registry.」、Climate Analytics and NewClimate Institute「The Climate Action Trackrer」等資料製作

要如何實現減碳？

為了逐步實現減碳這個目標，首先就來確認一下是哪裡排放出特別多二氧化碳吧。接下去再看看為了減少二氧化碳，必須使用哪些技術及這些技術的相關機制呢？

何謂淨零？

為了實現減碳社會，必須要讓二氧化碳排放量降到零。但現今社會相當倚賴化石燃料，要瞬間轉變為「排放量零」實在非常困難。因此無論怎麼做都很難減少的部分，就反過來增加森林能夠吸收的量，這樣一來一往之下增加量就會變成零，這就是所謂的「淨零」。

若排放量等同吸收量則為「淨零」

排放出來的量

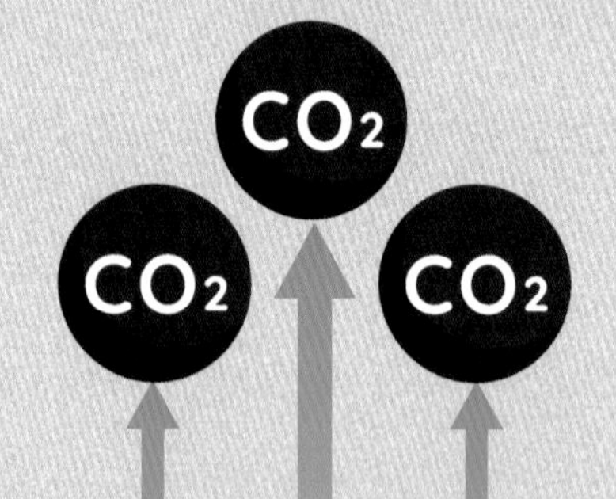

被吸收的量

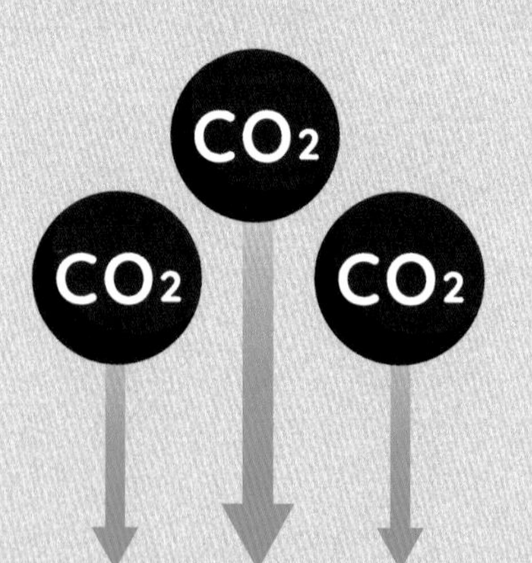

比方說，現在排放出三個二氧化碳

如果三個都被吸收了，那麼就是

3－3＝0

二氧化碳等溫室效應氣體排放量實際上化為零的狀態，便稱為「碳中和」。

碳中和

Carbon neutral

現階段要讓二氧化碳排放量降到零是非常困難的事情。因此全世界將目標放在至少得要達成「淨零」。以下就用簡單的數學代換範例，來向大家解釋要如何達成淨零。

現在

排放量遠大於吸收量

今後

1 盡可能減少排放量

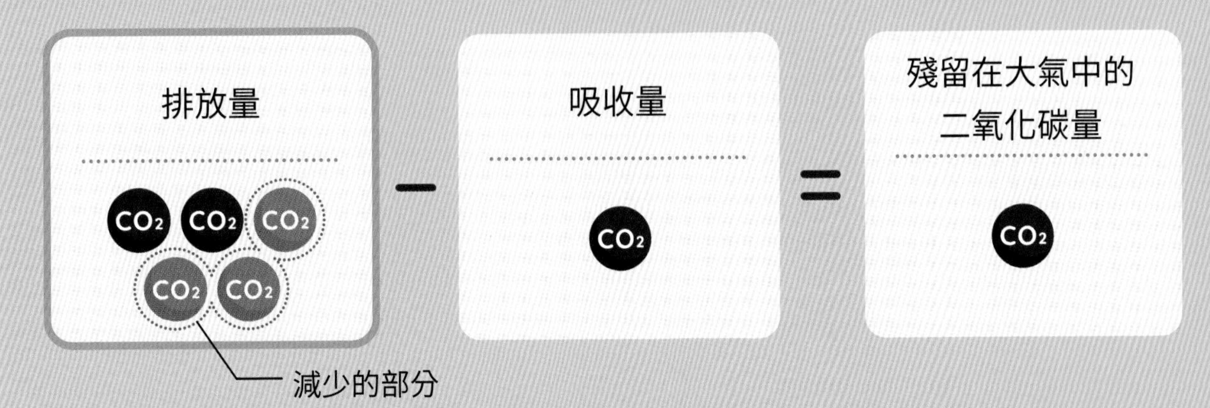

2 無論如何都無法減少的部分，就轉而增加吸收量

臺灣必須減量多少二氧化碳？

人類每分每秒都在排出二氧化碳，因此不論是誰責任都相當重大。要邁向減碳的第一步，就應該要先了解自己國家目前究竟排放出了多少二氧化碳。

通往減碳社會實現的道路

臺灣溫室氣體排放量與削減目標

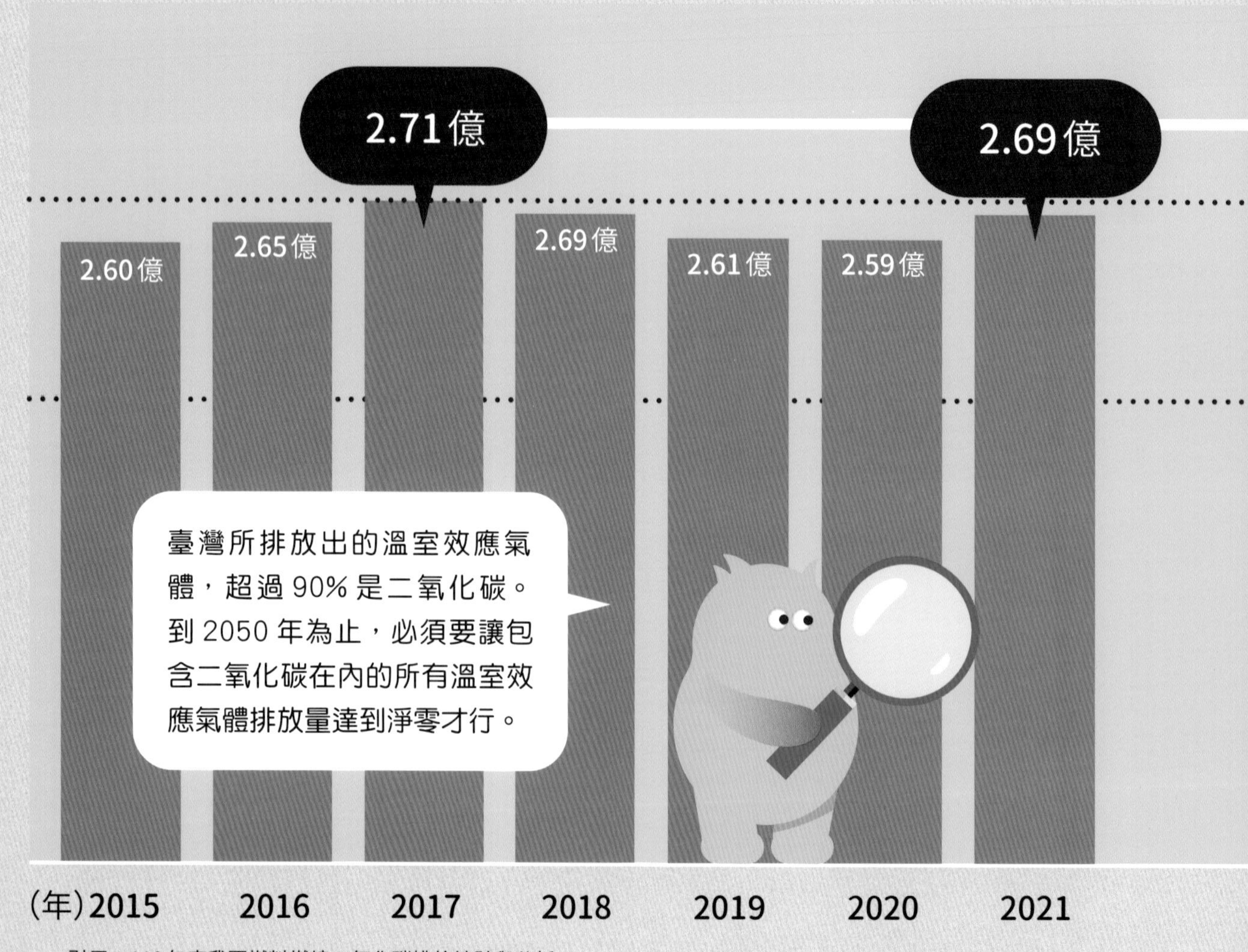

引用：110年度我國燃料燃燒二氧化碳排放統計與分析

二氧化碳排放量國家排名表（2021 年）

臺灣排放量為 2.67 億噸

排名	國家	排放量
第1名	中國	124.6億噸
第2名	美國	47.5億噸
第3名	印度	26.5億噸
第4名	俄羅斯	19.4億噸
第5名	日本	10.8億噸
第6名	伊朗	7.1億噸
第7名	德國	6.7億噸

引用：依據EDGAR-Emissions Database for Global Atmospheric Research-2022report資料製表

到底是從哪裡排放出這麼多二氧化碳的？

與2017年度的排放量相比，削減30%

約達8,500萬噸左右

2030年度目標＊

＊依據氣候變遷因應法

將排放量壓在最低

達到淨零

2050年度目標＊

增加森林等處的吸收量，讓排放量與吸收量相同

二氧化碳是從哪裡排放出來的？

具體來說二氧化碳究竟是從哪裡排放出來的呢？不明白這點，就很難判斷到底問題何在、應該如何加以應對呢。因此我們就來看看排放量的排名表吧。

製造電力與汽油的地方是第一名

《臺灣不同產業的二氧化碳排放量比例（2021 年度）》

第1名

製造電力與汽油的地方

發電廠

煉油廠等

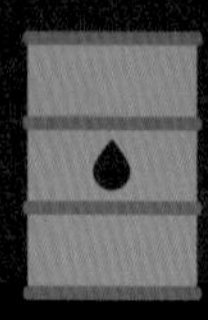

在能源轉換部門當中，約有 90% 是從發電廠排放出來的。也就是說，臺灣排放最多二氧化碳的地方就是發電廠。

能源產業

71.0%

（1億8,946萬公噸）

※ 電力、熱能分配前排放量

引用：110 年度我國燃料燃燒二氧化碳排放統計與分析

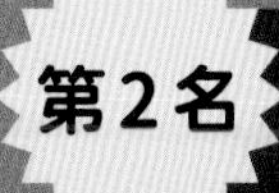

第2名

製造物品的地方

冶鐵廠

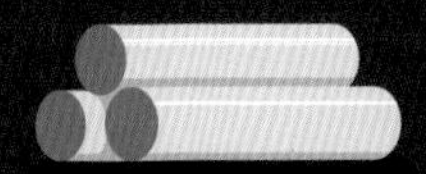

化學工廠

第3名

汽車和飛機等

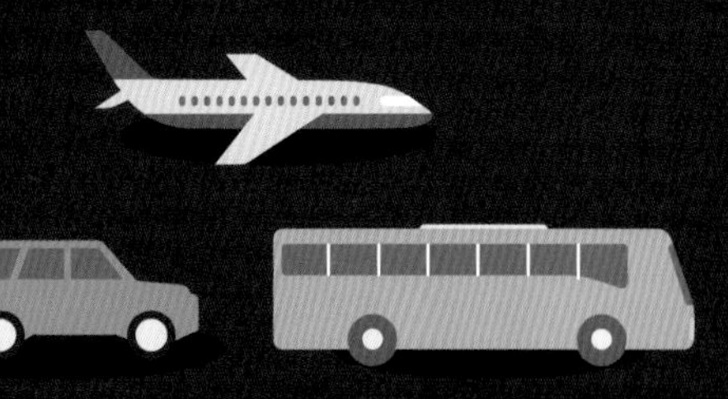

第4名

辦公室及家庭等

製造業
3.3%
,565 萬公噸）

運輸業
12.7%
（3,392 萬公噸）

其他
3.0%
（797 萬公噸）

所有的產業及人們生活當中使用的電力，都是在排放大量二氧化碳的情況下製造出來的。要實現減碳社會，就必須思考如何減碳發電。

為什麼發電廠會排出許多二氧化碳？

發電廠會大量排放二氧化碳，正是因為「火力發電」需要燃燒化石燃料來發電。臺灣先前都是依靠火力發電來製造電力，如果要朝著減碳社會邁進，就必須思考有沒有其他發電方式。

火力發電機制

以火力製造電力的方法主要有三種，分別燃燒煤、石油以及天然氣，這三種方法排放的二氧化碳量都不一樣。

火力發電的二氧化碳排放量

※ 此為燃燒 1 kWh 的燃料時換算出的二氧化碳排放量數值
引用：一般財團法人電力中央研究所
依據「日本發電技術生命循環 CO_2 排放量綜合評價（2016.7）」資料製表

火力發電可以製造出我們每天 24 小時、一年 365 天所使用的電力，實在非常方便，但是會排放出大量的二氧化碳。

燃料
煤
石油
天然氣

臺灣大多採用火力發電

臺灣發電方法比例

火力發電 82.42%			
燃煤 42.07%	燃氣 38.81%	燃油 1.54%	不排放二氧化碳的其他發電方法 17.57%

引用：經濟部能源局，2023a

關於「不排放二氧化碳的其他發電方法」請看下一頁的內容。

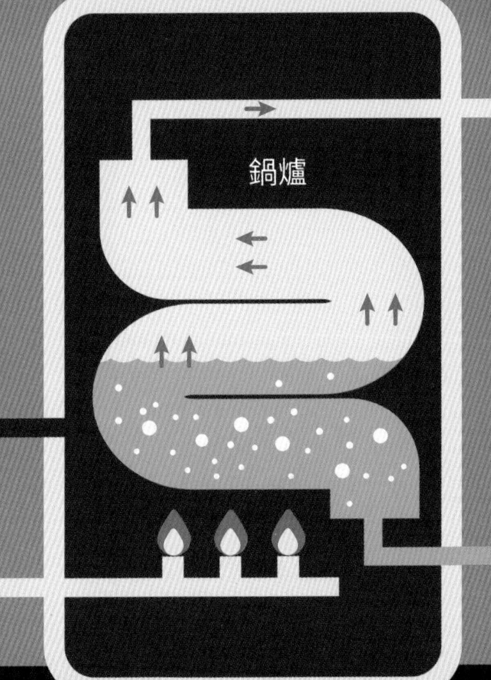
使用燃燒燃料的熱能來加熱水，製造出水蒸氣
鍋爐

用蒸氣的力量推動渦輪（扇葉）
渦輪

發電機啟動
製造出電力

有不排放二氧化碳的發電方法嗎？

除了火力發電以外，還有其他發電方式，也就是利用不會排放二氧化碳的「再生能源」這種大自然的力量。再生能源在減碳社會當中是相當受到重視的，同時也是減少發電廠二氧化碳排放量的關鍵所在。

何謂再生能源

再生能源指的是太陽、風、地底下的熱能等存在於大自然中的能源。這些能源存在於地球的每一個角落，並不需要擔心能源會用完。可以重複使用＝「可以再生」的能源，因此也被稱為「可再生能源」。

太陽能發電

用太陽能板接收太陽照射到地球上的光線，藉此產生電力的機制

天氣不好的日子或者是晚上的時候，發電量會不穩定

風力發電

用風力來轉動風車，藉此產生能源來推動發電機製造電力

如果沒有風的話，發電量就不穩定

已經沒有太多能夠建設的地點

水力發電

利用水從高處落下產生的能源轉動水車來製造電力

生質能發電

以米糠、家畜糞便等廢棄物或一般家庭的廚餘等作為能源來發電

收集以及運送燃料也要花錢

在確定能夠建設發電所以前，需要花費許多時間進行調查，同時也有很多限制

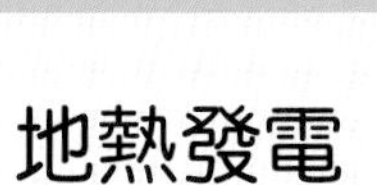

地熱發電

通常是因為火山活動而產生的，使用高溫熱水產生的蒸氣來推動渦輪製造電力

可再生能源也常直接被稱為「再生能源」。

順帶一提不排放二氧化碳的發電方法，除了再生能源以外還有「核能發電」。下一頁就來看看吧。

什麼是核能發電？

除了再生能源以外，不排放二氧化碳的發電方法還有「核能發電」。但是，核能發電如果發生意外的時候，是非常危險的。要邁向減碳社會，究竟該增加還是減少核能發電，一直都是相當有爭議的話題。

核能發電機制

將核燃料「鈾」進行核分裂產生熱，將水轉變為蒸氣

以中子射擊鈾原子，鈾原子便會一分為二，此時會產生熱。

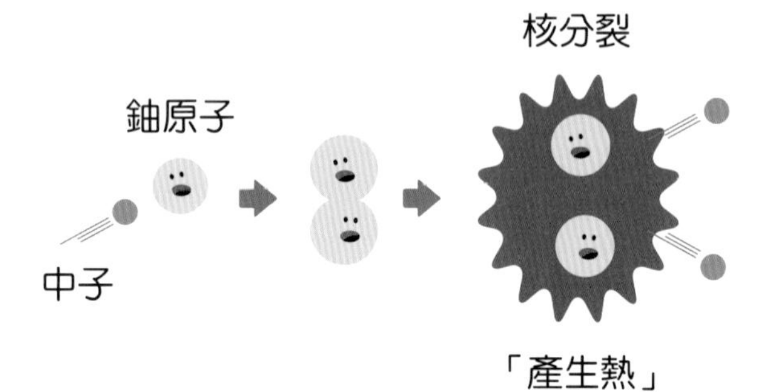

核分裂的時候產生的放射性物質，如果進入人體內，或者人體暴露在當中過量的話，就有可能生病。核能發電廠都會密封保存放射性物質以免其外洩。

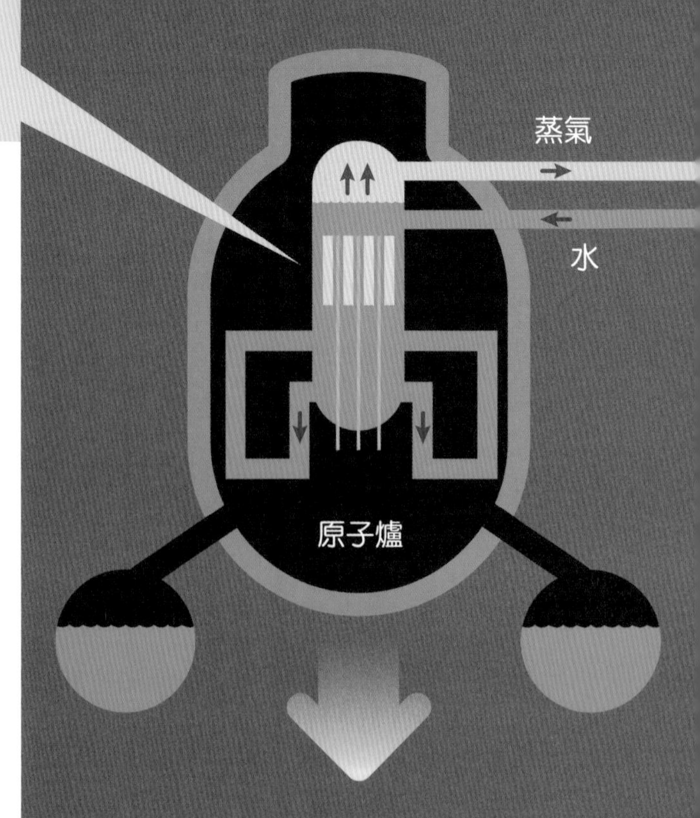

使用完的燃料會遭受放射性物質汙染，但是目前無法決定後續要怎麼處理，因此只能繼續堆放著。

一旦發生意外，會非常難以應付

何謂福島第一核電廠事故

由於 2011 年 3 月 11 日東日本大地震及海嘯的影響，福島縣的核能發電廠產生破損，外洩出大量放射性物質。由於本起事故而遭到放射性物質汙染的地區當中，還有些地方到現在都無法恢復（2021 年 12 月時）。

以蒸氣的力量轉動渦輪（扇葉）

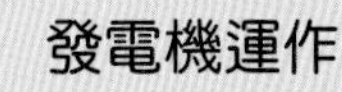

核能發電的優點

- 不會排放二氧化碳
- 可穩定發電

為了要邁向減碳社會，不能夠過於仰賴安全性令人質疑的核能發電，還是希望大家能盡可能增加再生能源呢。

將來要如何發電？

火力發電會排放二氧化碳，而核能發電又可能發生危險的事故，因此我們需要增加的是追求不會排放二氧化碳、同時安全性也高的再生能源。全世界都在努力引進再生能源，臺灣也以增加再生能源作為目標。

全世界推動的再生能源發電

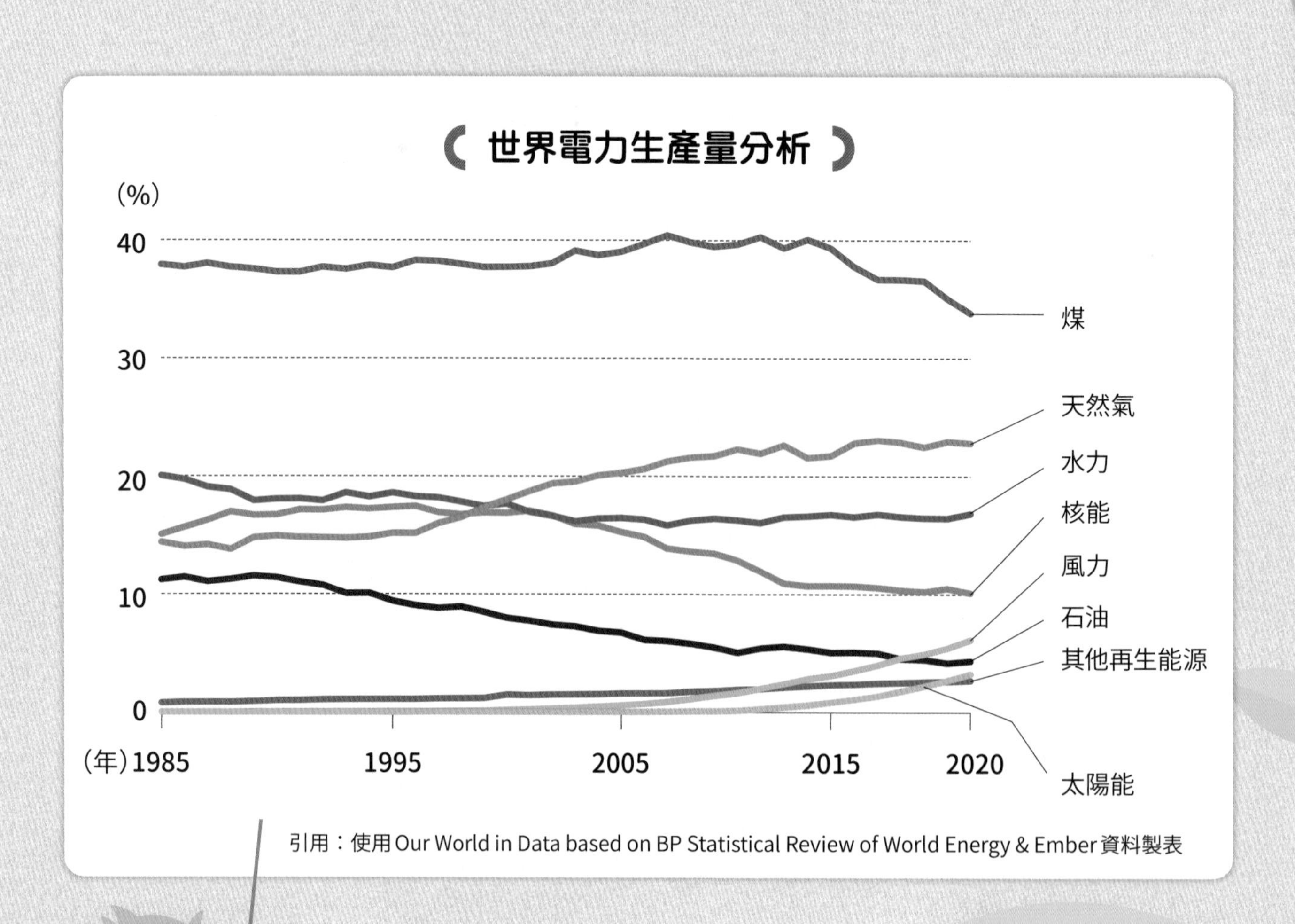

引用：使用Our World in Data based on BP Statistical Review of World Energy & Ember資料製表

看上圖就能夠了解，再生能源正在逐漸增加。相反地，火力發電當中二氧化碳排放量最高的煤（32頁）則是越來越少。

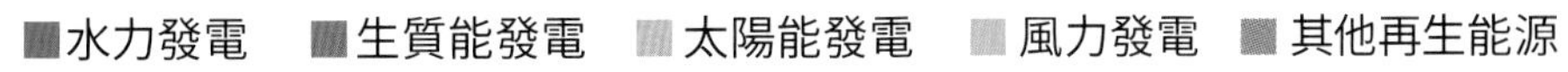

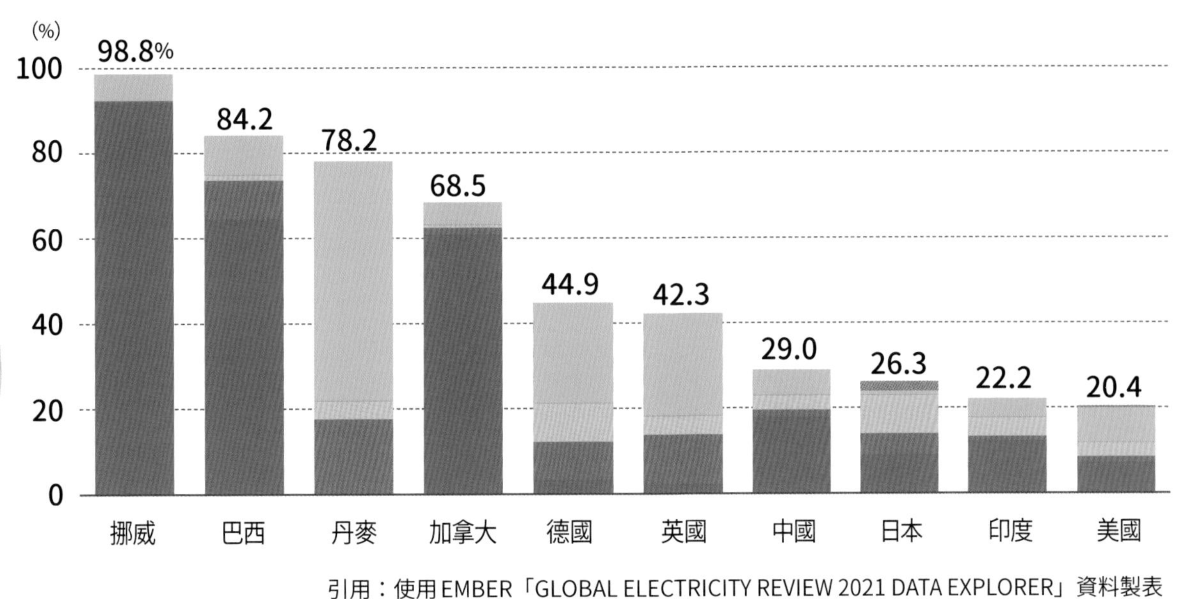

引用：使用EMBER「GLOBAL ELECTRICITY REVIEW 2021 DATA EXPLORER」資料製表

由於每個國家的大小和制度都不一樣，因此也有些國家要增加再生能源相當困難。但是這些國家也打算在解決自己的課題以後，盡可能地增加再生能源。臺灣也已經建立了增加再生能源的目標。

臺灣的電源結構及目標

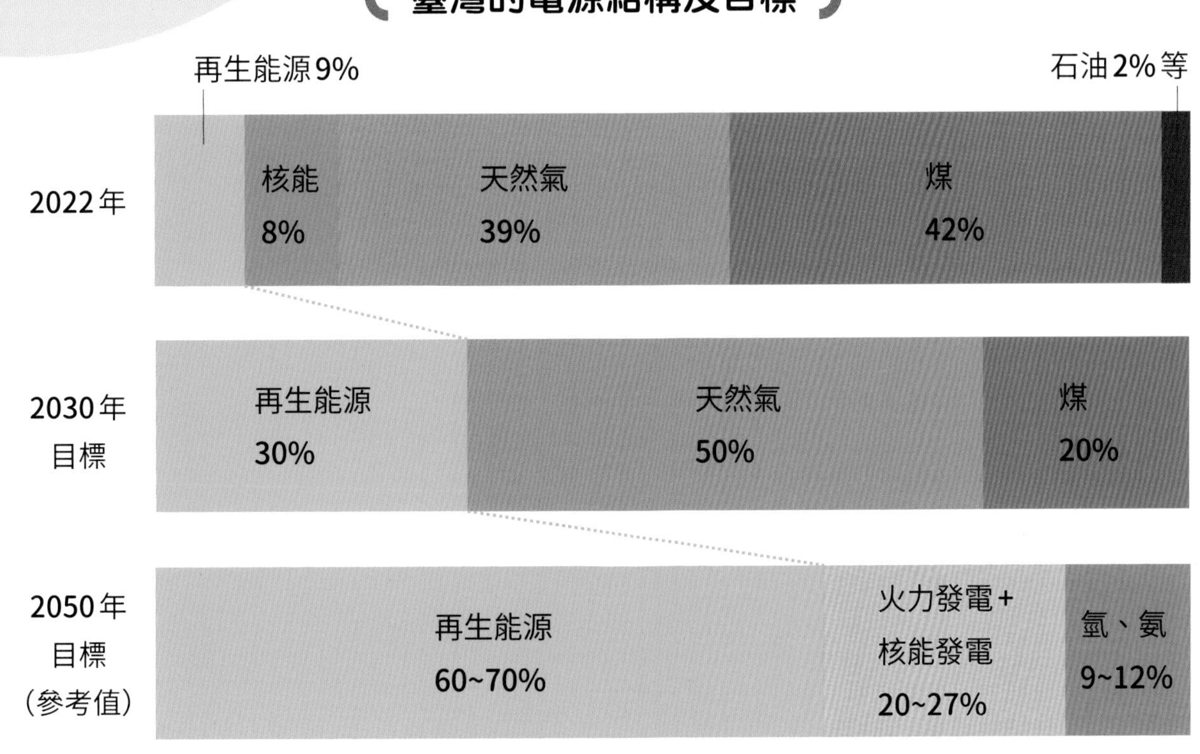

引用：國立臺灣大學社會科學院風險社會與政策研究中心-2022臺灣能源情勢回顧

臺灣應該要如何增加再生能源？

再生能源當中倍受期待的便是太陽能發電與風力發電。臺灣也正在開發更多相關技術，並提倡企業將設備裝設於閒置的屋頂等區域，更加活用再生能源的發電場所。

增加太陽能發電的設置場所

農地

在農地上設立支柱後放上太陽能板。下方為農業、上方則進行發電。

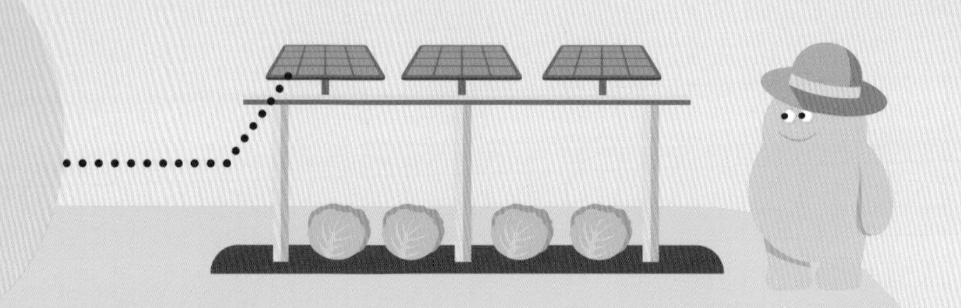

目前已經逐步修改制度，讓已不再耕作的農業空地也可以設置太陽能板。

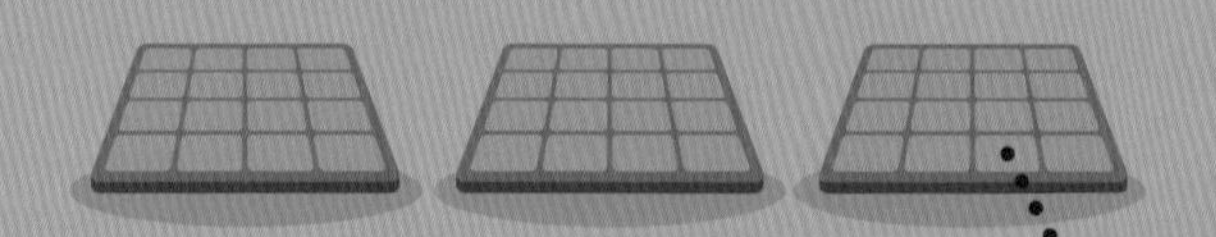

水池上

讓太陽能板浮在水池的水面上進行發電。

臺灣的埤塘眾多，但使用率不高，可以指望有更多埤塘引進太陽能板。

在海上進行風力發電

離岸風力發電

這指的是在海上進行風力發電。由於海面上的風會比陸地上強一點，發電也會比較穩定。

目前還有建設費用過高、海上製造的電力要如何運回陸地等課題要解決，但對於被海洋包圍的臺灣來說，是相當適合的方法。目前也期望日後會大量引進。

企業或工廠

辦公室或者工廠也可以設置太陽能板，產生的電力可供自己使用。

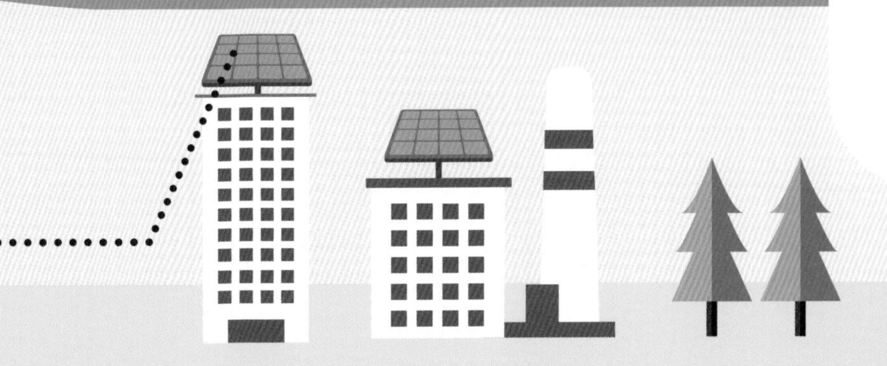

同時推動新型太陽能板的開發

由於太陽能板相當厚重，因此能夠用來設置太陽能板的地方是廣闊土地或者建築物屋頂等處，相當有限。所以目前各界正在研究開發較為輕薄、可彎曲的太陽能板。

飛機翅膀

大樓牆壁

等處

發電無法全部使用再生能源嗎？

話說回來，既然有不會排放二氧化碳的再生能源，那麼大家會覺得，只要完全停止火力發電、全部都用再生能源發電不就好了嗎？但目前要做到這點，實在相當困難。接下來就讓我們來學習一下，目前再生能源有哪些課題。

再生能源的課題

再生能源是使用大自然力量的發電方法，
會因為天候或者季節的自然條件變化，而使機械打造出來的電量不同。

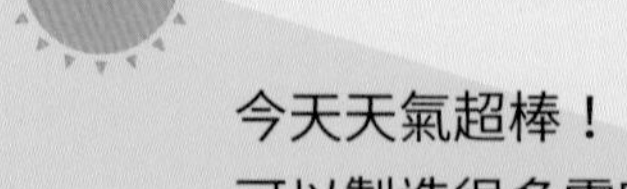

有時候能夠製造很多電

也可能完全無法發電

今天天氣超棒！
可以製造很多電呢～！
今天沒有太陽，
完全不能發電呢！

但是發電量必須經常與電力使用量一致才行

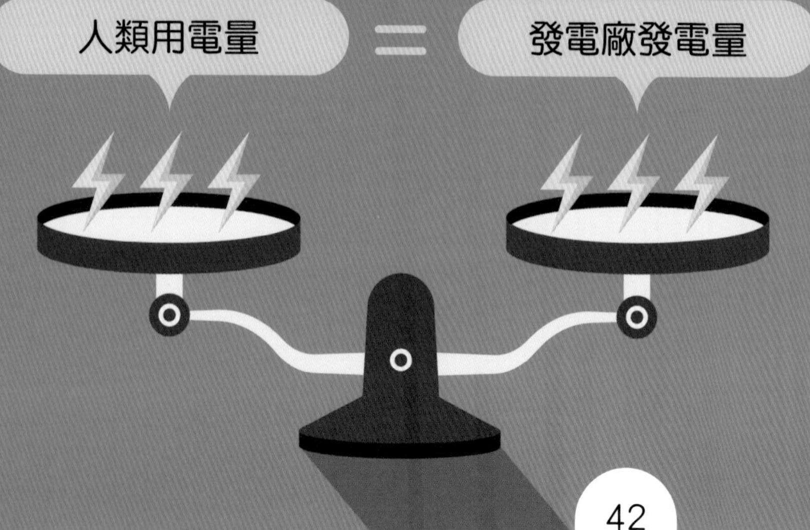

如果不一致的話，會讓電力系統負擔過大，很容易發生停電之類的問題。

目前的發電量會以火力發電進行調整

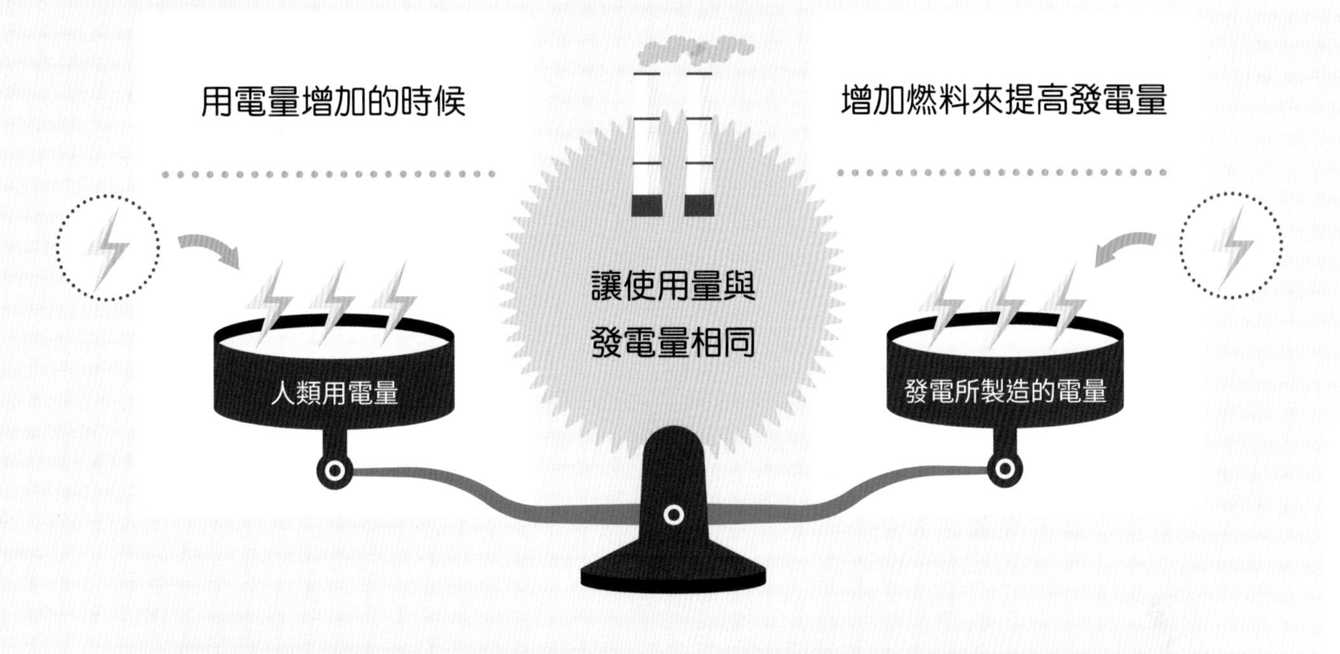
火力發電的情況
用電量增加的時候
增加燃料來提高發電量
讓使用量與
發電量相同
人類用電量
發電所製造的電量

再生能源的發電量無法調整

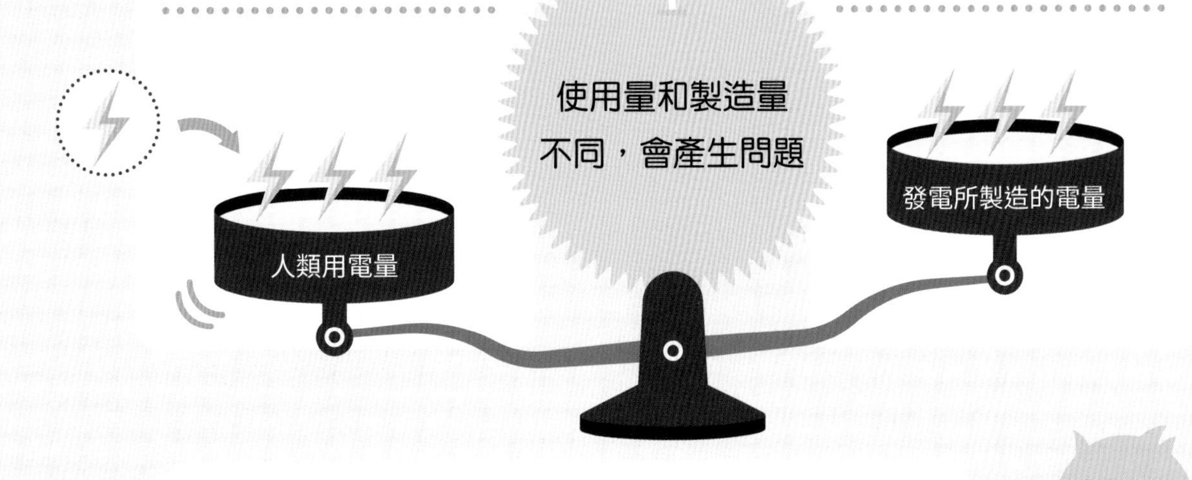
再生能源的情況
就算用電量變高
無法配合用量來發電
使用量和製造量
不同，會產生問題
人類用電量
發電所製造的電量

因此發電量不穩定的再生能源使用比例增加得越多，就越容易產生問題。所以要增加再生能源的話，就需要架構和技術讓它們能夠和火力發電一樣調節發電量。

能夠支撐再生能源的蓄電池是什麼？

調節再生能源發電量的技術之一，就是「蓄電池」。這裡指的是可以用來儲存電力的電池。如果引進蓄電池以後，先前用來調節發電量的火力發電也可以減少了。

何謂蓄電池

可以重複充電使用的電池。
又叫做可充電電池。

如果製造的電量比使用量多 → 就把電力儲存在蓄電池當中

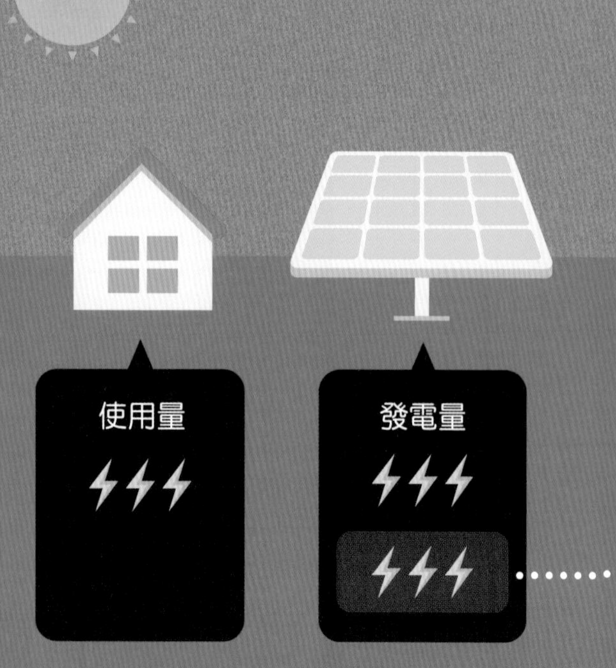

蓄電池（可充電電池）

將沒有使用的電力儲存起來（充電），就能在需要的時候才使用，如此一來使用量和發電量就能經常一致。

開發中的蓄電池技術

要打造出能夠儲存大量電力的大型蓄電池，會花費許多金錢。而且蓄電池在反覆使用後，品質會逐漸衰退，能夠儲存的電量也會減少。因此全世界目前都在相互競爭，想要開發出能夠長久使用又較為便宜的蓄電池。

目前大家使用的蓄電池之一是「鋰離子電池」（鋰電池），由日本的吉野彰先生所開發，他也於 2019 年獲頒諾貝爾化學獎。

鋰電池也被用在智慧型手機上喔！

無法發電的時候
也能使用電力

蓄電池價格相當昂貴，臺灣目前已著手進行研發。如果蓄電池的技術再進步一些的話，就能夠增加再生能源了！

使用蓄電池
裡的電力

發電量

使用量

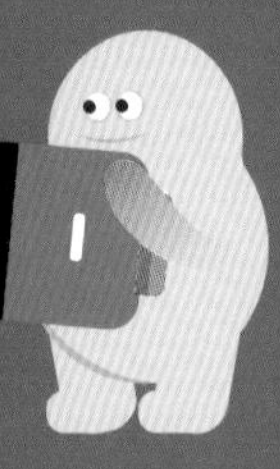

火力發電的未來將會如何？

火力發電需要使用化石燃料，因此會大量排放二氧化碳。不過要是有能夠不排放二氧化碳的燃料，那麼就可以打造出對環境友善的火力發電了呢。其實目前大家正在努力開發這種夢想中的燃料，也就是使用「氫氣」和「氨氣」來推動火力發電。

何謂氫氣

是地球上最輕且無色無臭的氣體。
化學式寫作 H_2。

氫能發電

將氫氣作為燃料進行發電。目前評估是用來取代燃燒速度較為接近的天然氣。由於保存處理上比較困難，因此要把氫氣當成燃料使用的話，運送與保存等費用都會比氨氣來得高。

就算燃燒也不會
排放二氧化碳！

這兩種發電都還在實驗階段，要解決的問題就是會排放出造成大氣汙染的物質*。但是目前各單位正在努力開發技術，要讓排放量減少到即使排放出來也沒有問題的程度。

*氧化氮（NOx）

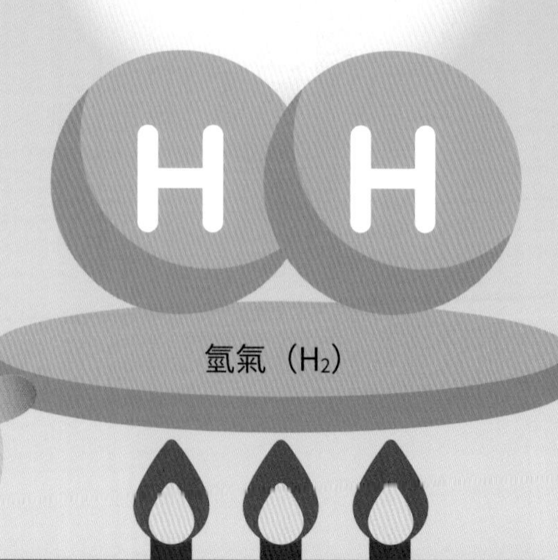

近在身邊可以使用的氫與氨

氫	氨
氫被用來打造透明平滑的玻璃、或者讓油凝固	肥料的原料

何謂氨氣

具有強烈氣味的無色氣體，含有大量氫。
化學式寫作 NH_3。

氨氣發電

以氨氣作為燃料來發電。目前評估用來取代燃燒速度較為相近的煤。由於具有毒性，因此處理的時候必須多加留心。

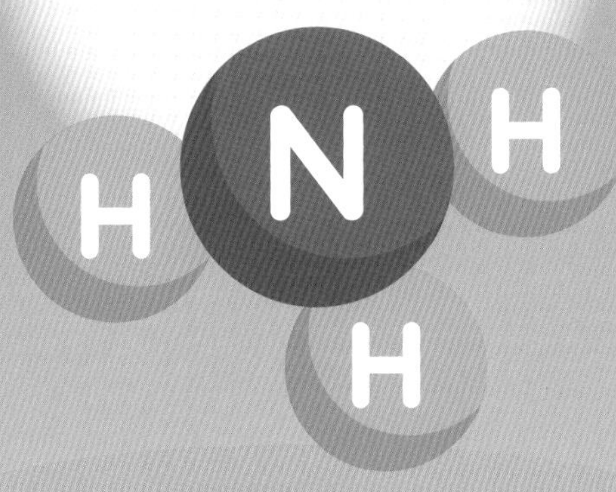

氫氣與氨氣的性質以及所需費用都不同，因此目前還在評估應該分別使用在哪些地方。

氫氣、氨氣要如何製造？

氫氣和氨氣在地球上並非直接以它們單純的樣貌存在。如果要在減碳社會當中多加利用它們，就必須以人工方法來製造。其實氨氣可以用氫氣來製造，因此這兩種氣體的原始製造方式基本上是一樣的。製造方式雖然五花八門，不過下面介紹的是最主要的方法。

氫氣、氨氣的製造方式

1 由化石燃料製造

化石燃料　熱

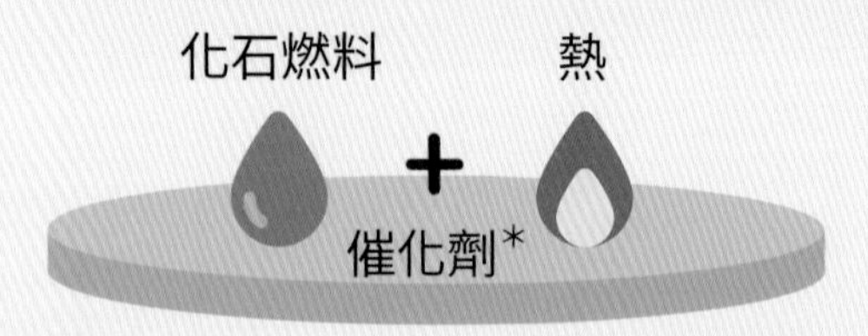

讓化石燃料與高溫反應後形成氫氣

＊本身不會有所變化，但能夠加速化學反應的物質。

課題

由於還是要使用化石燃料，因此在製造氫氣的過程當中仍會排放二氧化碳。

由化石燃料製造出氫氣這個方法比較便宜，因此是目前較為普遍的做法，但問題仍是會排放二氧化碳。所以大家比較重視第二種方法。

② 電解水

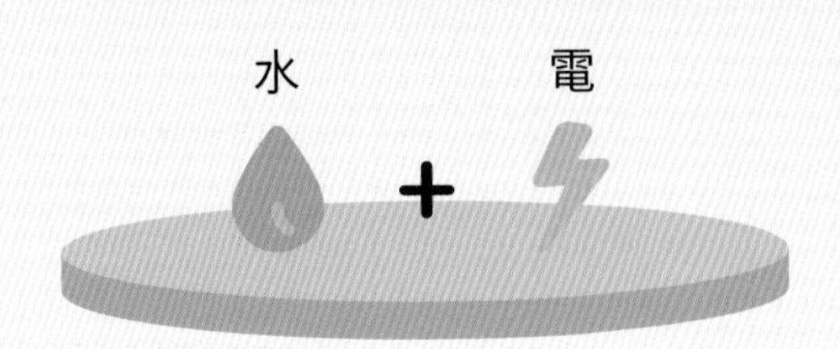

讓電流通過水，就能夠得到氫氣

課題

如果使用的電力本身並非以可再生能源產生的電力，那麼在製造氫的過程當中依然會排放二氧化碳。

打造出氫！

H H

如果使用再生能源的電力來製造氫氣，那麼製造的時候和使用的時候都不會排放二氧化碳！

製造出來的氫氣加上氮氣（N_2）以後就能做出氨氣

氮氣＋催化劑 N N

製造出氨氣！

H N H H

如同上面的②所說，目前臺灣的再生能源相當少，就算增加氫氣和氨氣的使用量，也會在製造的時候排放出二氧化碳。因此必須先充分增加其他再生能源才是。

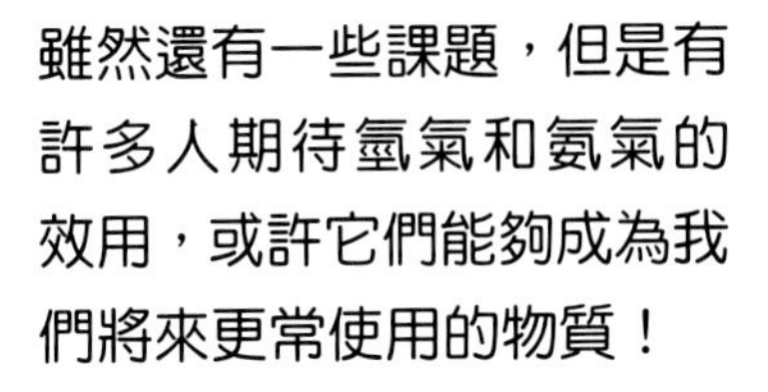

雖然還有一些課題，但是有許多人期待氫氣和氨氣的效用，或許它們能夠成為我們將來更常使用的物質！

大家引頸期盼的氫氣與氨氣是否能用在其他地方？

氫氣與氨氣除了發電以外，也能夠使用在「燃料電池」、或者蓄電池（44 頁）。氨氣當中含有大量氫，與氫氣有相同的功效，因此本頁以氫氣來為大家舉例。

使用於燃料電池方面

燃料電池是指利用氫氣與氧氣發生的化學反應來發電的裝置。
發電後的物質只有水，不會排放二氧化碳。

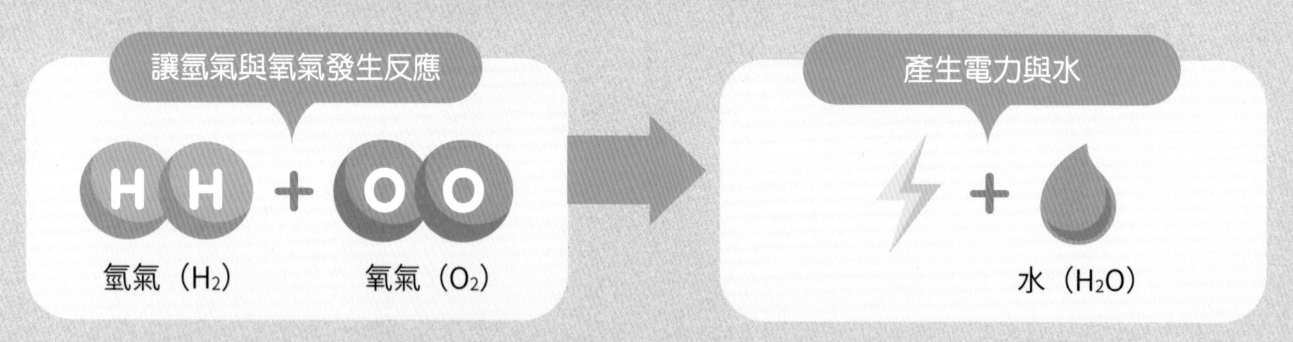

目前已經在使用的燃料電池用途

用於家庭當中

用在汽車上

ENE-FARM（家庭用燃料電池）

在家中設置燃料電池，製造出家裡要用的電力。製造電力的時候產生的熱能還可以拿來燒熱水。

燃料電池汽車（58 頁）

讓汽車搭載燃料電池，以電池製造的電力讓汽車運轉。

作為蓄電池來使用

氫氣具備可以長時間儲存的性質，因此若將再生能源製造的電力保存成氫氣（49頁），那麼就可以利用燃料電池或者氫氣發電在需要的時候製造出電力。因此可說氫氣也是間接性的蓄電池。

電力是無法儲存的

再生能源製造的電力有所剩餘時

轉變為可以儲存的氫氣

用發電製造出來的電力分解水，做成氫氣來儲存

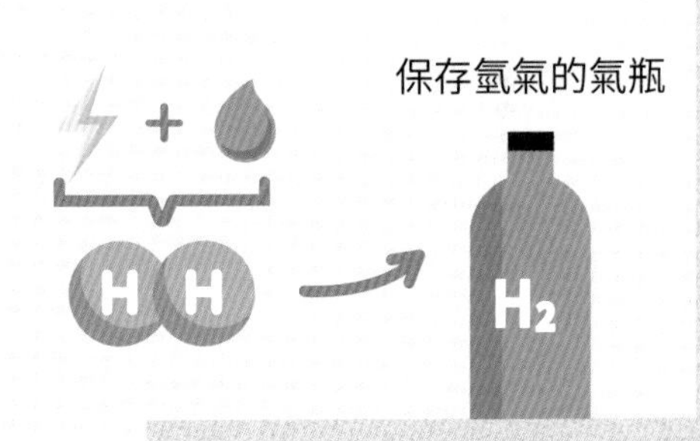

需要的時候再取出電力

用那些儲存起來的氫氣，製造燃料電池或者用氫氣發電

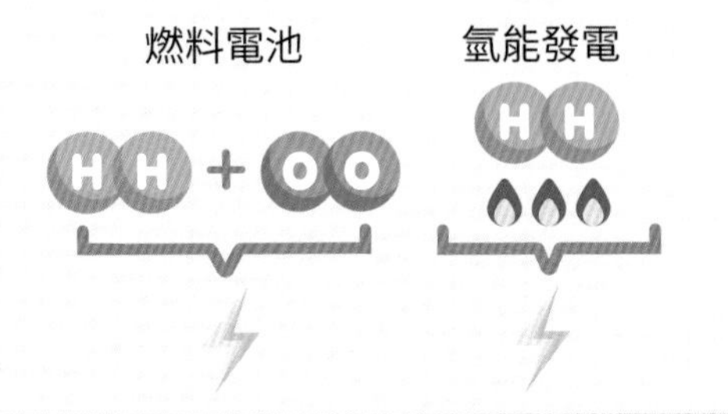

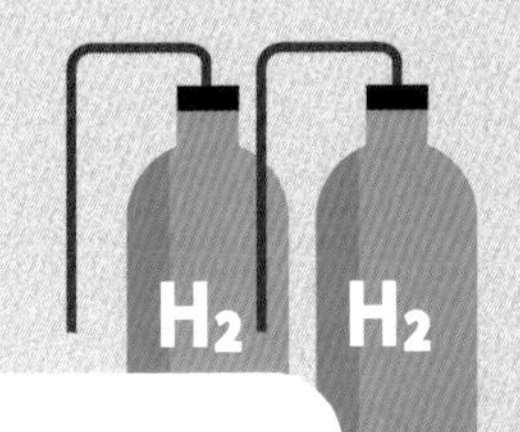

現階段為了要確保氫氣，因此需要大量的再生能源；加上價格非常高昂，許多的課題讓這個方法還不太普遍。

但是氫氣仍然有相當多的可能性，將來我們使用到它的機會或許還會再增加。

發電廠以外的減碳要如何實踐？

如同前面 12 頁所提到的，除了發電廠以外，工廠和家庭等各種地方也都有使用化石燃料、排放二氧化碳。為了要減少使用化石燃料，今後家庭和工廠等地點使用的化石燃料，目前多將焦點放在使用電力，也就是「電化」來逐步取代化石燃料。

何謂電化

為了得到能夠讓機械運作的能源與熱能，不使用化石燃料，而是以電力作為能源。

電力能源可以轉換為各式各樣的能源型態

發光	發熱	動力
照亮東西。	將電力轉換為熱，加熱東西。	以電力轉動馬達來運作物品。
例：燈具	例：吹風機	例：電風扇

如此使用電力的特性，便可以將先前使用化石燃料的範圍都改成使用電力來推動。

現在：使用化石燃料（排放二氧化碳）	將來：使用電力（使用再生能源的話，就會減少二氧化碳）
煤　鋼鐵業使用的高爐	電力　電爐
高爐是指煉鐵時用來從包覆鐵的石頭（鐵礦）中萃取出鐵的鍋爐。使用的燃料是將煤蒸餾後打造出的「焦炭」。	不使用鐵礦石與焦炭，而是回收已經不需要的鐵屑，用電力融化後重新打造成鐵的爐就是電爐。
石油　汽車	電力　電動車
以石油煉製的汽油等物質作為運轉時的燃料。	以電力來運轉馬達。
天然氣　瓦斯爐	電力　IH 爐
燃燒桶裝瓦斯（或者天然氣瓦斯）來獲得熱能。	將電力轉變為熱能。

邁向減碳社會的重點

1. 將發電轉換為再生能源
2. 發電以外要逐步電化

有些領域要電化還非常困難，不過除了家庭以外，汽車在近年來也逐漸電化。下一頁就讓我們來看看這種汽車。

汽車會變得如何？

那麼，接下來我們就來談談汽車吧。其實汽車在各種交通工具當中，是二氧化碳排放量最高的一種呢！汽車雖然非常方便，也豐富了人類生活，但往後汽車本身也必須有很大的改變才行。

汽車會排放大量二氧化碳

臺灣交通工具範疇的二氧化碳排放量（2019 年）

「小客車」指的是我們一般家庭使用的汽車；「大客車」則是指可以乘坐多人的汽車；「貨車」則是用來搬運貨物的卡車等汽車。

小客車
49%
(1,764 萬噸)

97 % 由汽機車排放

※ 電力、熱能配分後排放量
※ 由於將小數點四捨五入，因此加總起來可能並非 100%

資料來源：交通部運輸研究所 運輸部門歷年二氧化碳排放量推估

汽車要燃燒化石燃料後才能運作

由於要讓引擎運作，必須使用汽油或輕油等由石油製造的燃料，因此會排放出二氧化碳等廢氣。

大貨車	小貨車	大客車	機車	國內航空	國內水運	鐵路
18% (644萬噸)	11% (413萬噸)	6% (224萬噸)	13% (453萬噸)	0.8%	0.5%	2%

汽油汽車在全世界已經普及了大約 100 年。現在不管去到哪裡，都是滿街汽車跑呢。但是目前大家已經為了要對環境更加友善，而開始改變成其他種類的汽車。

什麼樣的汽車對環境比較友善？

最近大家為了降低二氧化碳排放量，市面上逐漸出現盡可能使用不需要汽油就可以跑的嶄新汽車。當中特別受到大家矚目的就是「電動車」。這是一種用電力取代汽油的汽車，在路上行走的時候完全不會排放二氧化碳。

電動車結構

電動車就是 52 頁所說的以「電化」方式運作的汽車喔！

以電力讓馬達運轉使車子可以動

馬達

調整由電池輸出的電力，同時也會調整馬達的力量（車子的速度）

控制器

電動車又叫做 EV

EV ＝ Electric Vehicle

電動車與汽油車的不同

	動力來源	製造動力的零件	運作時排放二氧化碳
汽油車	汽油	引擎	有
電動車	電力	馬達	無

將引擎換成馬達以後，使用的零件會比引擎車還要少，因此汽車的結構也會變得比較簡單。所以大家都說，這樣企業們要加入新汽車業界也比較容易呢。

儲存電力好傳送到馬達

電池

充電口

在充電站補充電力

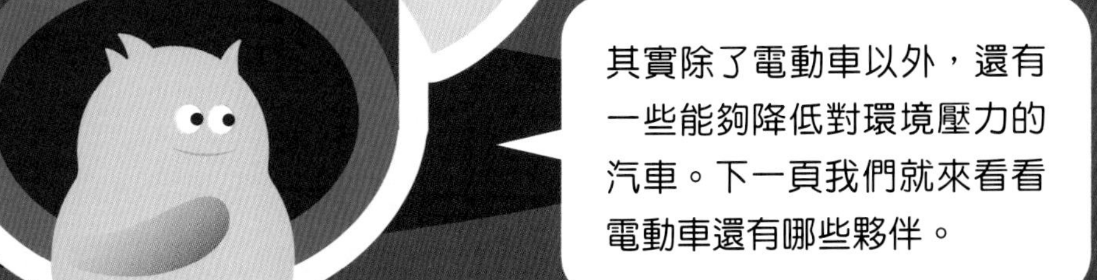

其實除了電動車以外，還有一些能夠降低對環境壓力的汽車。下一頁我們就來看看電動車還有哪些夥伴。

用電發動的汽車有哪些種類？

只要是「使用電力來運作」的汽車，都被稱為電動車。而電動車本身除了單純用電的車子以外，還有燃料電池電動車、插電式混合動力車、混合動力車等。讓我們來看看它們分別有什麼特徵。

電動車種類

	電力電動車	燃料電池電動車
動力來源	只有電力	只有電力
運作時的二氧化碳	無排放	無排放
特徵	一次充電後能夠行走的距離比汽油車短。課題在於有些地區的充電設施尚未完備。	由於補充氫的場所（加氫站）尚未完備，因此在臺灣不太普及。

燃料電池電動車

使用燃料電池（50頁）製造出的電力讓汽車運作。要在「加氫站」補充氫。

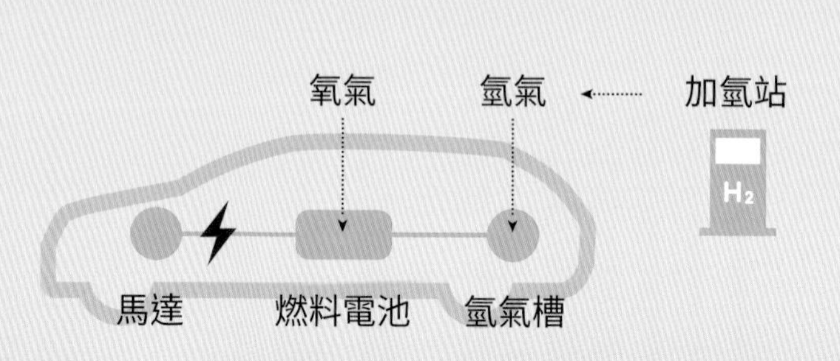

混合動力車的結構

同時具備可以用汽油運轉的引擎、以及使用電力運作的馬達，根據速度等狀況切換使用。在混合動力車當中，可以由外部充電的類型便稱為插電式混合動力車。

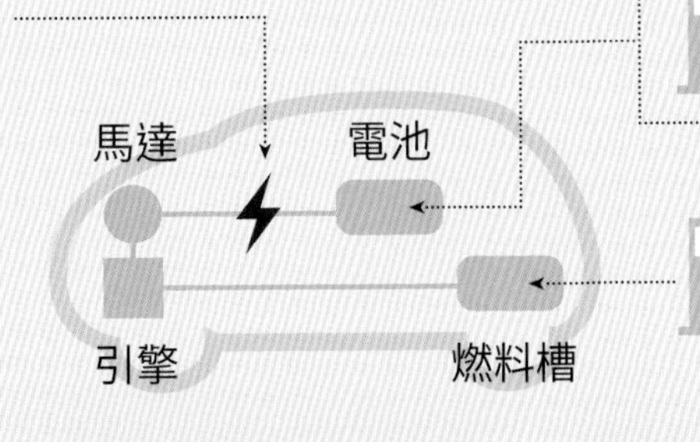

插電式混合動力車	混合動力車
可以用電力與汽油運作，跑的距離比單純電力車長。	雖然能以電力或汽油運作，但是能用電力跑的距離比插電式混合動力車短。
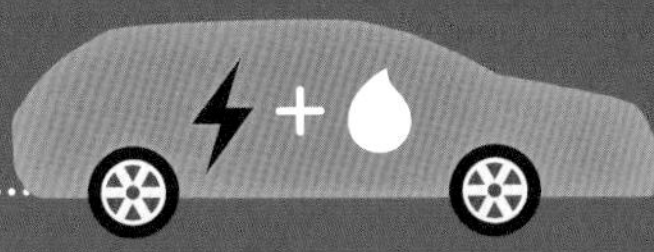	
用電運作的時候不會排放。（比混合動力車少*）	用電運作的時候不會排放。（比汽油車少*）
由於能充電也能加油，因此就算充電站不多的地方也可以靠汽油走。	由於會在車子內部進行發電，因此在走的時候可以盡量不要使用汽油。

*有車種差異

全世界特別希望能夠推動普及的，就是電動車當中的純電力車。時代將從汽油車轉變為電動車。

電動車會變成汽車的主流嗎？

為了邁向減碳社會，包含臺灣在內，有許多國家逐步開始禁止生產新的汽油車。當中甚至有些國家連混合動力車也禁止了。畢竟燃料電池電動車還沒有普及，因此將來的主角恐怕還是電力電動車了。

世界主要國家的汽油車規範

美國	最晚到 2030 年時，銷售的新車當中除了混合動力車以外的電動車要占五成
英國	最晚到 2030 年時不得銷售任何汽油車新車；到 2035 時不得銷售混合動力車及插電式混合動力車
中國	最晚到 2030 年時不得銷售汽油車的新車
EU	最晚到 2030 年時不得銷售汽油車、混合動力車及插電式混合動力車的新車
日本	最晚到 2030 年時不得銷售汽油車的新車
臺灣	最晚到 2040 年時不得銷售汽油車的新車

※汽油車包含柴油車
※包含尚未訂立法律的規範

歐洲和中國引進電力電動車的速度較快，與世界動態相比，臺灣也不遜色。

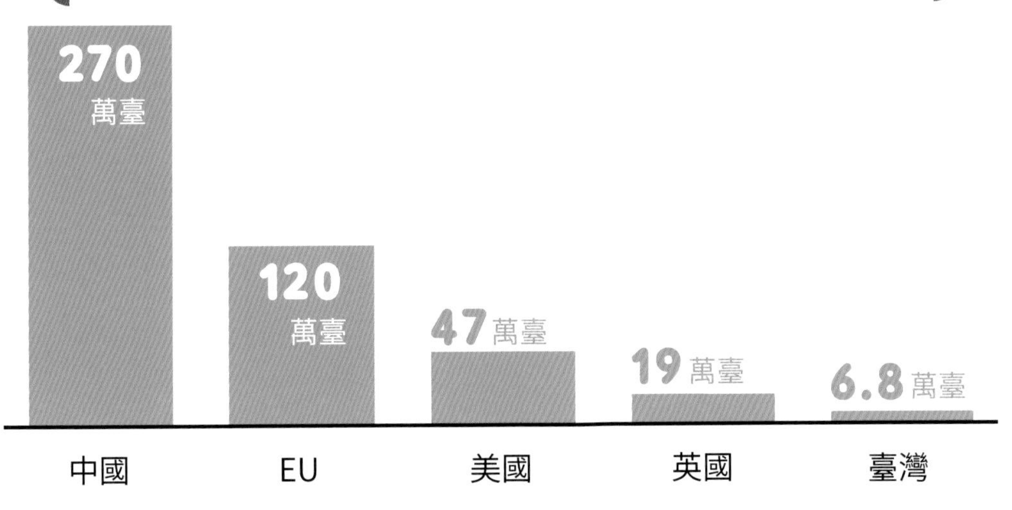

引用：根據IEA「Global EV Outlook 2022」資料製表

臺灣詳細銷售數量（2021 年）

車種	比例
汽油車	86.9%
混合動力車	11.2%
插電式混合動力車	1.4%
電力電動車	0.5%

※ 不包含輕型汽車。另外，汽油車包含柴油車

引用：根據交通部數據所資料製表

在日本，汽車業界的技術強項是汽油車和混合動力車。但是外國規範繼續推動下去，今後若不能往電力電動車方向發展的話，很可能就賣不出去了。

為了邁向減碳社會，製造業也得要有所改變呢。

引進電動車的時候，有沒有要特別注意的事情？

電動車在路上行走的時候，並不會排放二氧化碳。但其實從挖掘原材料開始、到最後廢棄車子的各個階段當中，都會排放二氧化碳。我們必須好好思考產品的一生當中所有過程對於環境造成的負荷。

電動車的一生

挖掘原材料及加工使用材料

在開採、加工電池等零件和打造車體用的必須資源時，都會排放二氧化碳。

製造

工廠在打造車體及其零件的時候，都會排放二氧化碳。

考量所有階段對於環境造成的負荷「生命週期評估」

產品或服務的一生被稱為「生命週期」，而用數字來表現產品生命週期中的二氧化碳排放量等對於環境造成的負荷，便稱為「生命週期評估」。製造者與使用者都要考量到生命週期整體對環境造成的負擔，對於邁向減碳社會是非常重要的。

電動車必須使用再生能源

於再生能源尚未充分普及的國家或地區當中，如果增加太多電動車，當然就必須增加用電量。為了產生電力會需要火力發電，結果反而會排放出更多二氧化碳。

並不是製造一大堆電動車，就能夠削減二氧化碳，必須要同時考量發電方法才行。

運作、充電

如果使用的電力並非再生能源，就會排放二氧化碳。

廢棄、回收

燃燒電池或車體的時候，會排放二氧化碳。

不能光看車子運作的時候，必須要在全部的過程中都減少對於環境的負擔，這種情況下才能增加電動車的數量。

我們在買東西的時候，最好也要思考一下產品的生命週期呢。

其他還有哪些技術值得大家期待？

為了實現減碳社會，世界在各種分野上都在開發減碳用的技術。有許多技術目前都還在開發中，以下介紹當中特別受到矚目的技術。

01 碳捕獲、利用與封存 CCUS（Carbon dioxide Capture, Utilization and Storage）

回收產業活動中排放的二氧化碳，利用那些二氧化碳、或將其儲存在地下的技術。

收集二氧化碳

在發電廠或者工廠等會排放二氧化碳的地方建造特別設施，只回收二氧化碳。

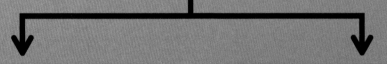

利用二氧化碳

將收集來的二氧化碳用來打造水泥或者當成燃料。

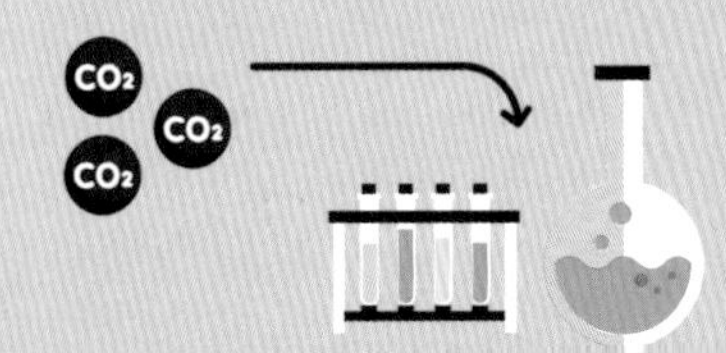

儲存二氧化碳

將二氧化碳完全儲存在地下或海底，使其不會外洩。

02 核融合發電

將氫的夥伴氘、氚進行「核融合」的時候會發生熱能，將其用來發電。不會排放二氧化碳。

何謂核融合

將幾個比較輕的原子核結合在一起，就會變成比較重的原子核。

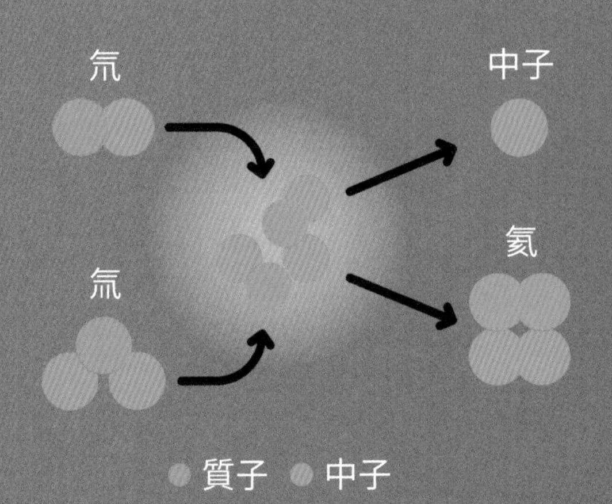

以人工方式重現植物進行的「光合作用」的技術。以二氧化碳和水作為原料，使用太陽光來打造出化學物品的原料等物品。

03 人工光合作用

以人工方式重現植物進行的「光合作用」的技術。以二氧化碳和水作為原料，使用太陽光來打造出化學物品的原料等物品。

打造塑膠原料的範例

將所謂的「光觸媒」暴露於太陽光下，就會分解水、造出氫與氧。造出來的氫和二氧化碳再以化學方式合成製造出塑膠原料。

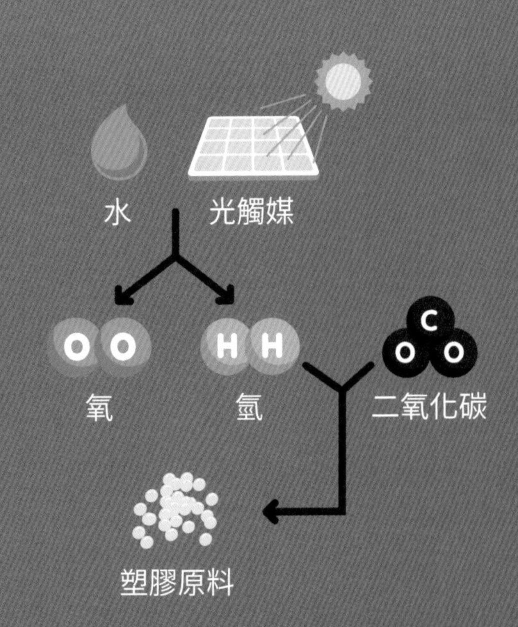

將來會是個排放二氧化碳就要付費的時代嗎？

包含臺灣在內，全世界開始執行「碳定價」機制，針對各單位排放的二氧化碳制定價格。藉由要求排放者負擔金額，期望他們可以藉此調整自己的行動。

何謂碳定價

這是一種迫使企業或家庭減少二氧化碳的手段，這個制度會針對排放的二氧化碳制定價格。主要方法包含排碳稅和排放量（權）交易等。

1

排碳稅	根據製造商品的時候所使用的化石燃料或工業產品中含的二氧化碳量來課稅的機制。

例　二氧化碳排放量不同的商品各自被課徵排碳稅的情況

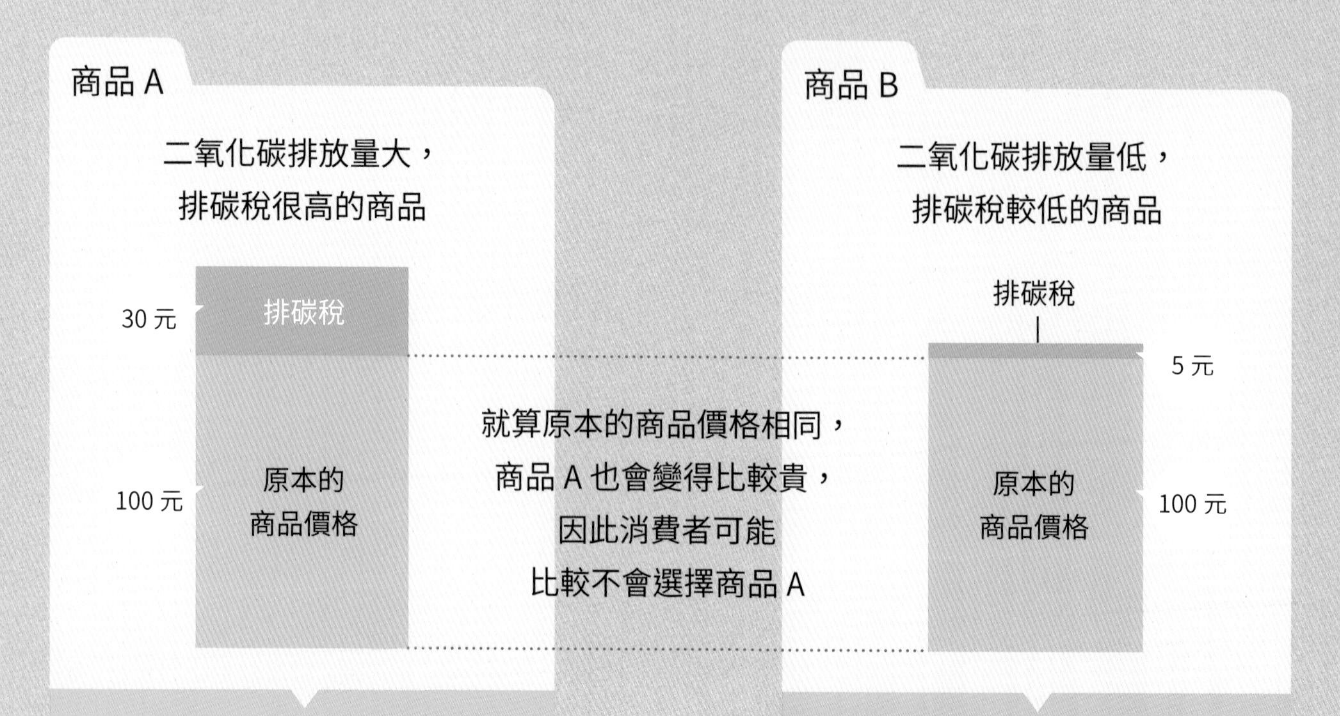

商品 A
二氧化碳排放量大，
排碳稅很高的商品
30 元
排碳稅
100 元
原本的
商品價格
變成 130 元的商品
就算原本的商品價格相同，
商品 A 也會變得比較貴，
因此消費者可能
比較不會選擇商品 A
商品 B
二氧化碳排放量低，
排碳稅較低的商品
排碳稅
5 元
原本的
商品價格
100 元
變成 105 元的商品

2 排放量交易

國家針對企業決定他們能夠排放的二氧化碳量（可排放量）。如果企業低於該排放量，就可以將該排放量的權利售出。

例　A 公司和 B 公司分別擁有 3 個*可排放量，但是 B 公司排放出超過許可排放量的二氧化碳。（*此處以個數來作為二氧化碳排放量計算方式）

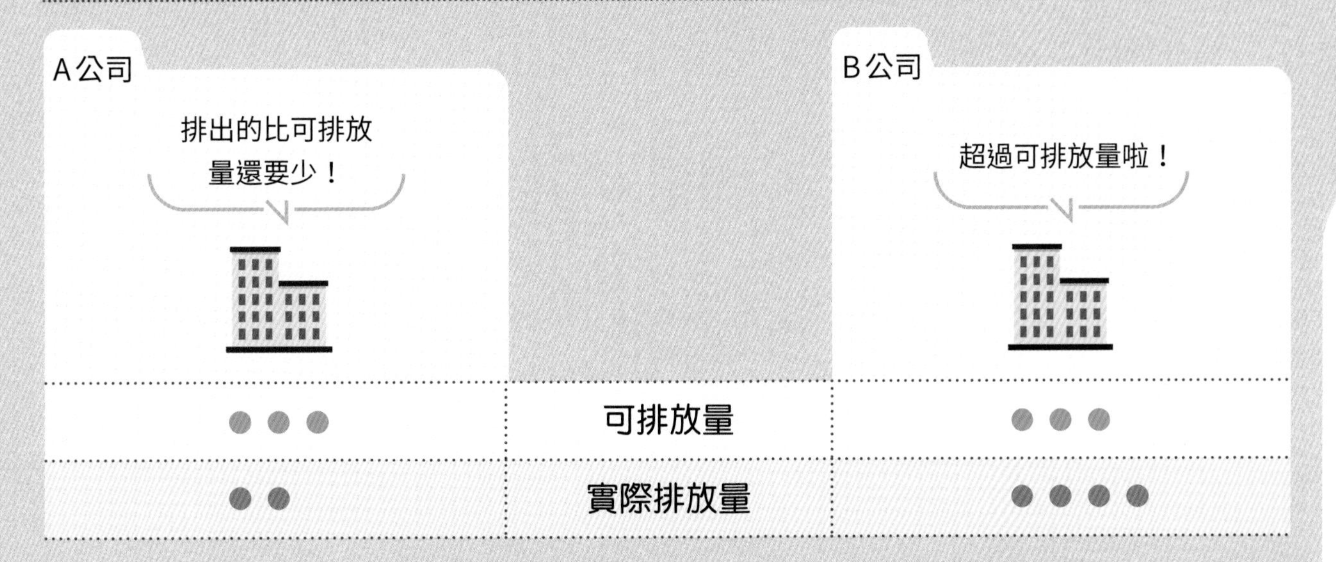

B 公司必須購買超過可排放量部分的排放權利

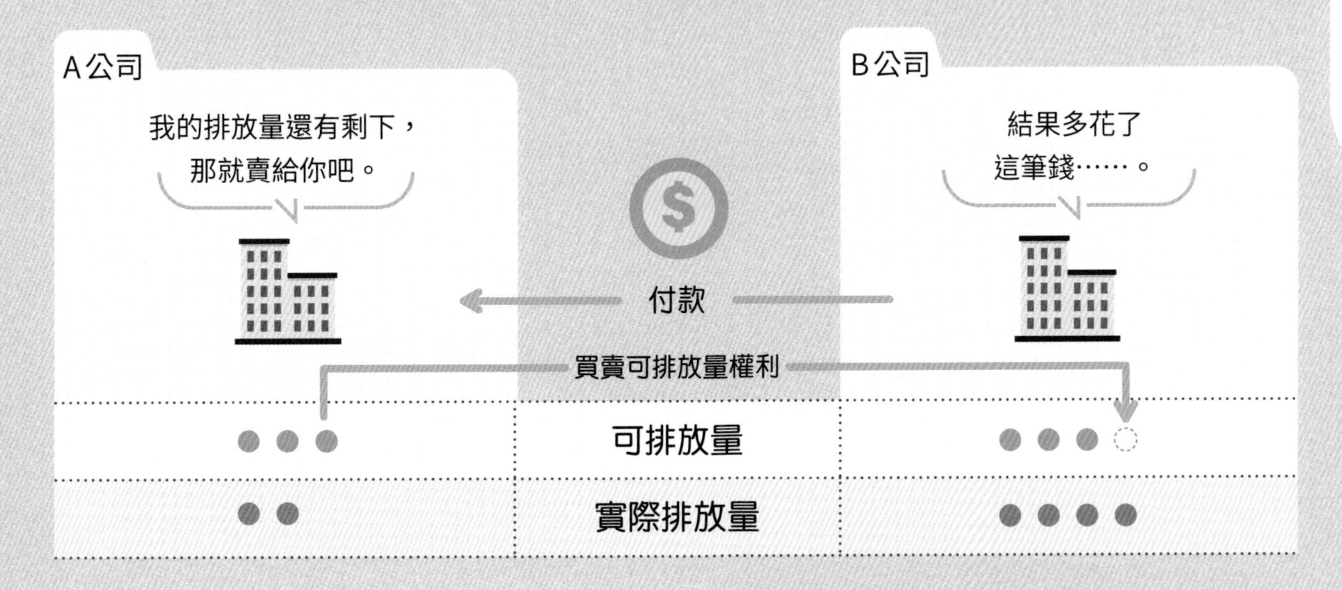

臺灣在 2023 年初通過了《氣候變遷因應法》，並會開始進行碳費的徵收。

無法削減二氧化碳的企業該如何是好？

無論如何都無法減少二氧化碳排放的企業，就要使用「碳抵銷」的機制，來想辦法抵銷掉排放量。說要抵銷，聽起來好像很困難，但機制其實非常簡單。接下來我們就看看這個方法要如何運作。

何謂碳抵銷

無論怎麼努力都無法減少排放二氧化碳等溫室效應氣體的話，就想辦法支持其他能夠減少溫室效應氣體的活動、或者以點數的形式購買其他地方減少的溫室效應氣體排放量，就能夠抵銷自己的排放量。

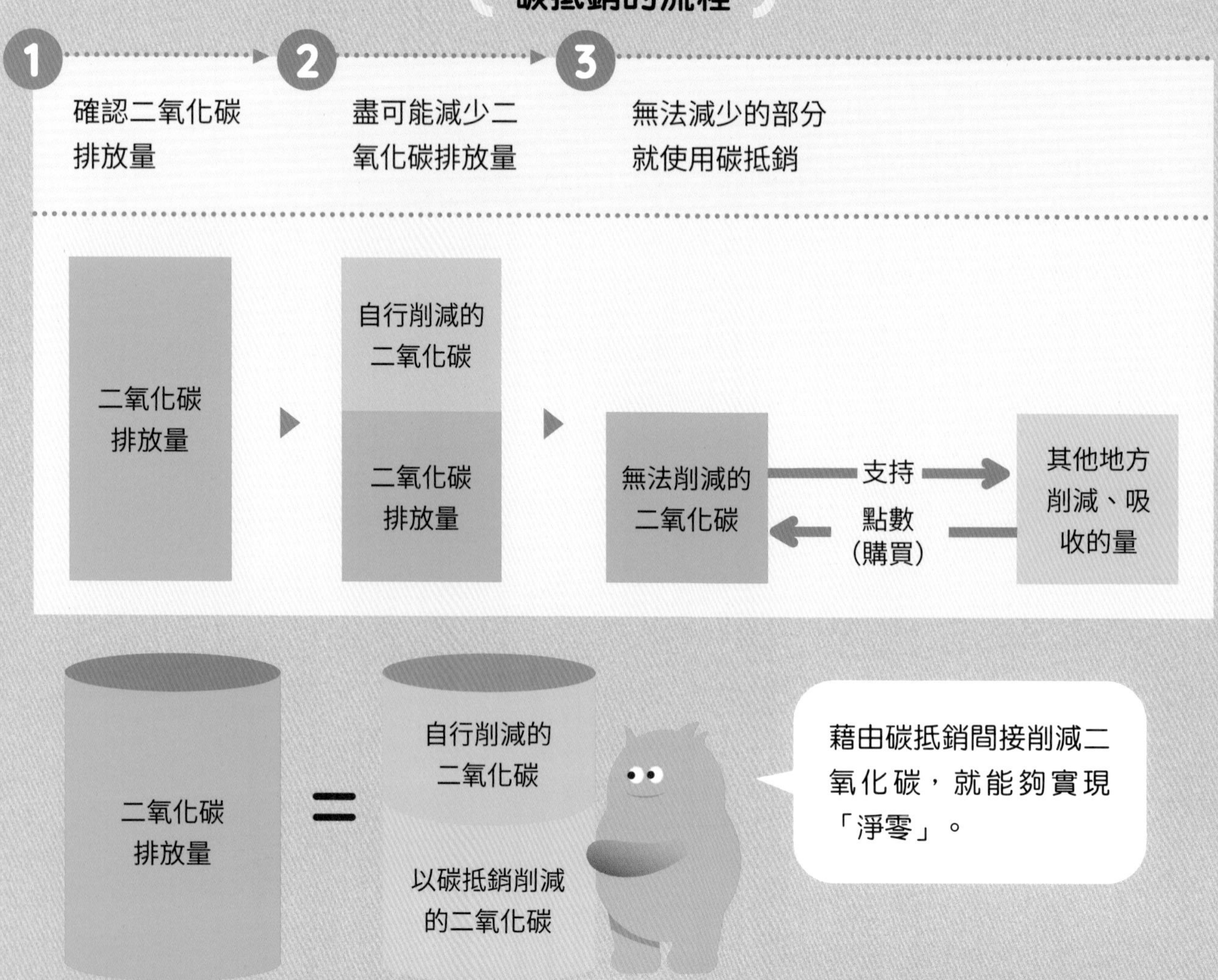

碳抵銷的方法五花八門，以下舉個最具代表性的流程作為範例。

例　A 公司為了要抵銷他們無論如何都無法削減的三個二氧化碳量，因此決定要支援進行植樹工作的 B 公司，這樣就能夠抵銷他們自己的二氧化碳。

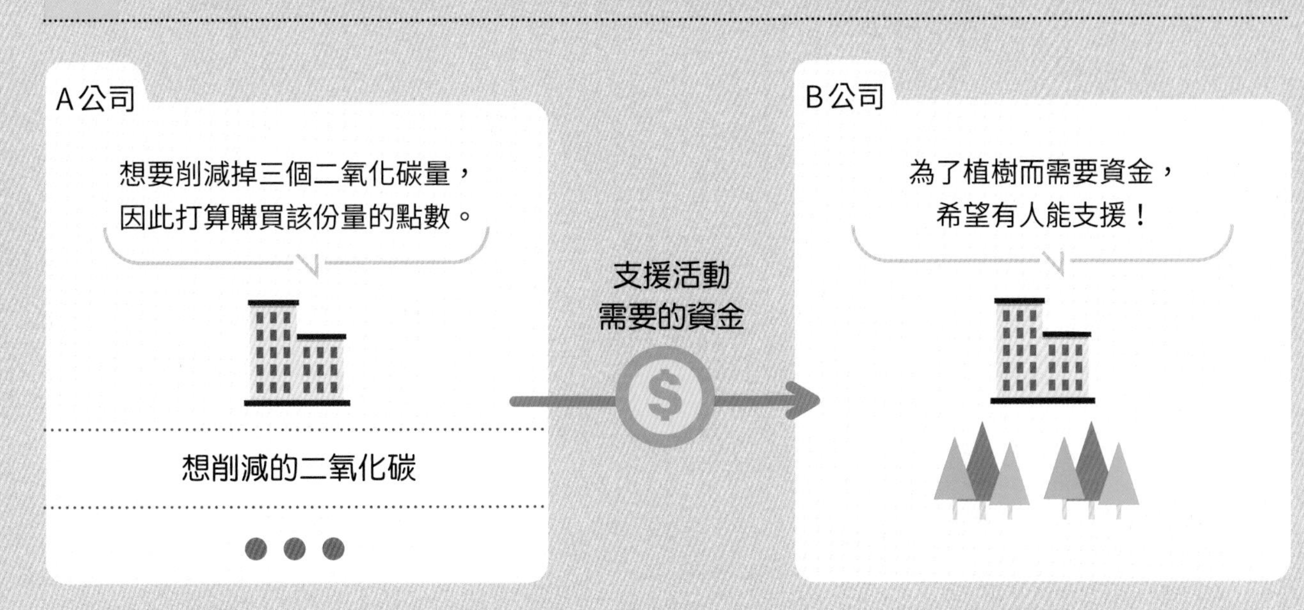
A公司
想要削減掉三個二氧化碳量，
因此打算購買該份量的點數。
想削減的二氧化碳
支援活動
需要的資金
B公司
為了植樹而需要資金，
希望有人能支援！

B 公司提供 A 公司可以削減或者吸收的二氧化碳量（點數）

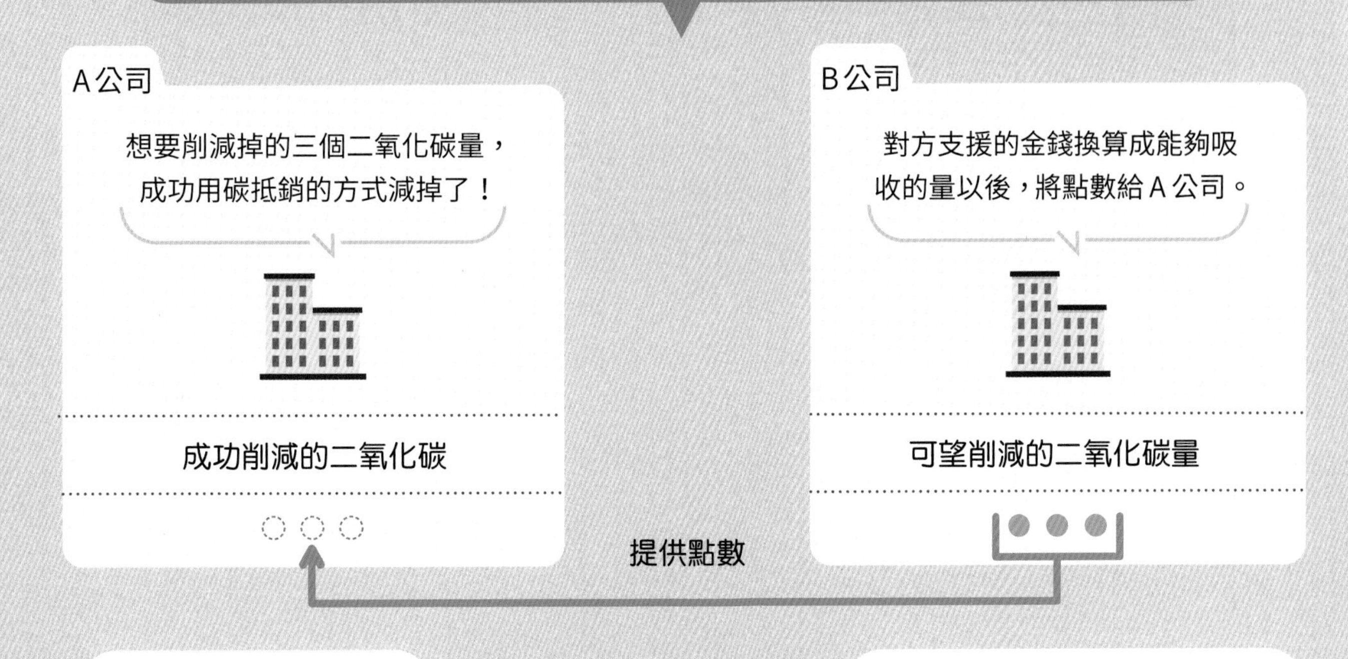
A公司
想要削減掉的三個二氧化碳量，
成功用碳抵銷的方式減掉了！
成功削減的二氧化碳
B公司
對方支援的金錢換算成能夠吸
收的量以後，將點數給 A 公司。
可望削減的二氧化碳量
提供點數

執行碳抵銷，就能夠向外界展現出自己對於環境的貢獻。

但是太依賴碳抵銷也不好。最重要的還是盡可能思考自己削減二氧化碳的方法。

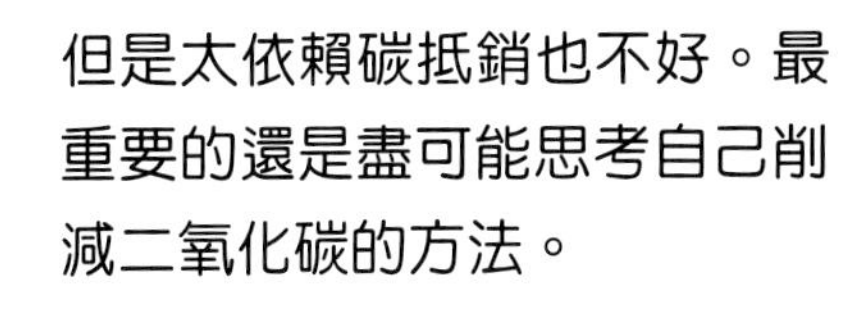

將來企業是否無法忽視減碳這個問題？

先前企業總是為了成長，認為獲利才是最好的。但是為了獲利就大量排放二氧化碳，那就太糟糕了。今後不為環境或社會多加思考的企業，或許會非常難以得到企業活動所需要的資金。

企業的基本架構

經營企業需要很多很多錢。因此企業會向投資人收集金錢，然後發行「股票」給他們。

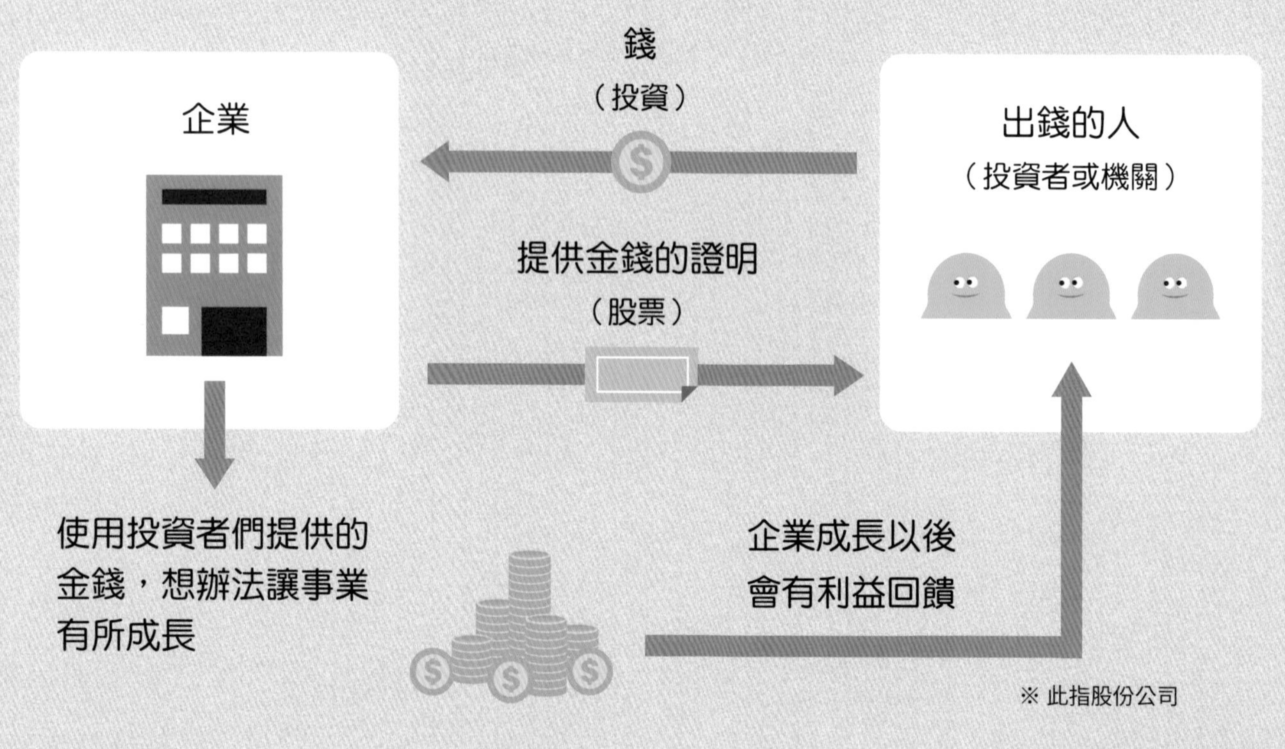

※ 此指股份公司

投資者們以往都是選擇應該能夠成長且持續獲利的企業。但是最近由於全世界都試著邁向減碳社會，因此一間公司對於環境與社會的關心與貢獻，也成為選擇標準。

投資者選擇出錢對象企業的標準

先前	最近
是否能夠獲利	是否能夠獲利 + ESG 評價

何謂 ESG

這是表示 Environment（環境保護）、Social（社會責任）、Governance（企業管理）的意思。關注這三個觀點來經營的企業，ESG 評價就高，而投資這些企業便稱為「ESG 投資」。

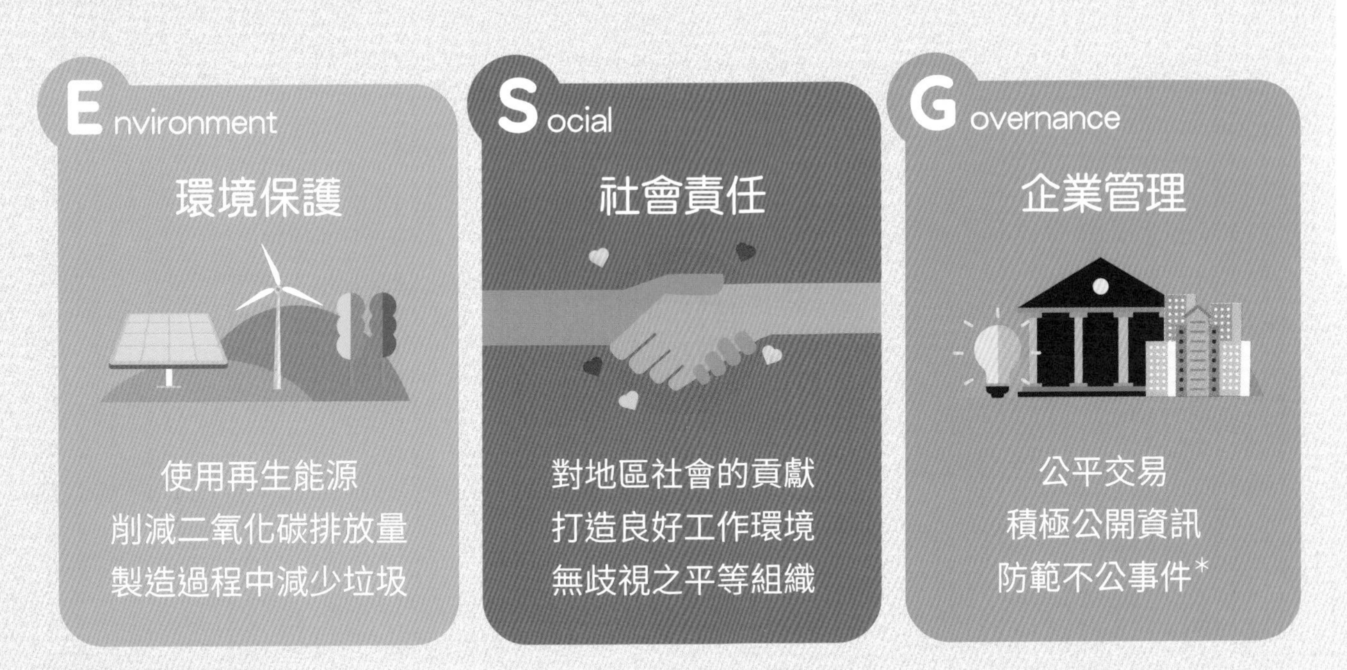

Environment
環境保護
使用再生能源
削減二氧化碳排放量
製造過程中減少垃圾
Social
社會責任
對地區社會的貢獻
打造良好工作環境
無歧視之平等組織
Governance
企業管理
公平交易
積極公開資訊
防範不公事件*

*會造成公司失去社會信賴的事件或行為

不努力削減二氧化碳排放的公司，ESG 評價會很低，或許大家就不想投資了呢。

第 3 章

我們能做些什麼？

最後讓我們來看看日常生活與二氧化碳的關係。
為了要實現減碳社會、守護地球的未來，一起來
思考我們能做些什麼吧。

一般家庭大概會排放出多少二氧化碳？

接下來談談我們最熟悉的家庭排放二氧化碳的情況。雖然我們平常不會意識到這件事，但就算稀鬆平常地在家裡生活，也會排放出很多二氧化碳。首先讓我們用數字確認一下會排放出多少二氧化碳吧。

家庭排放的二氧化碳占整體 1.7%

臺灣不同部門之二氧化碳排放比例（2021 年）

家庭排放
1.7%
（450 萬噸）

臺灣的二氧化碳排放量
（2021 年）
2 億 **6,699** 萬噸

發電廠、工廠、
汽車等其他領域
98.3%

家庭有哪些地方會排放二氧化碳呢？

※ 電力、熱能分配前排放量

日本每個家庭不同用途的二氧化碳排放量（2019年）

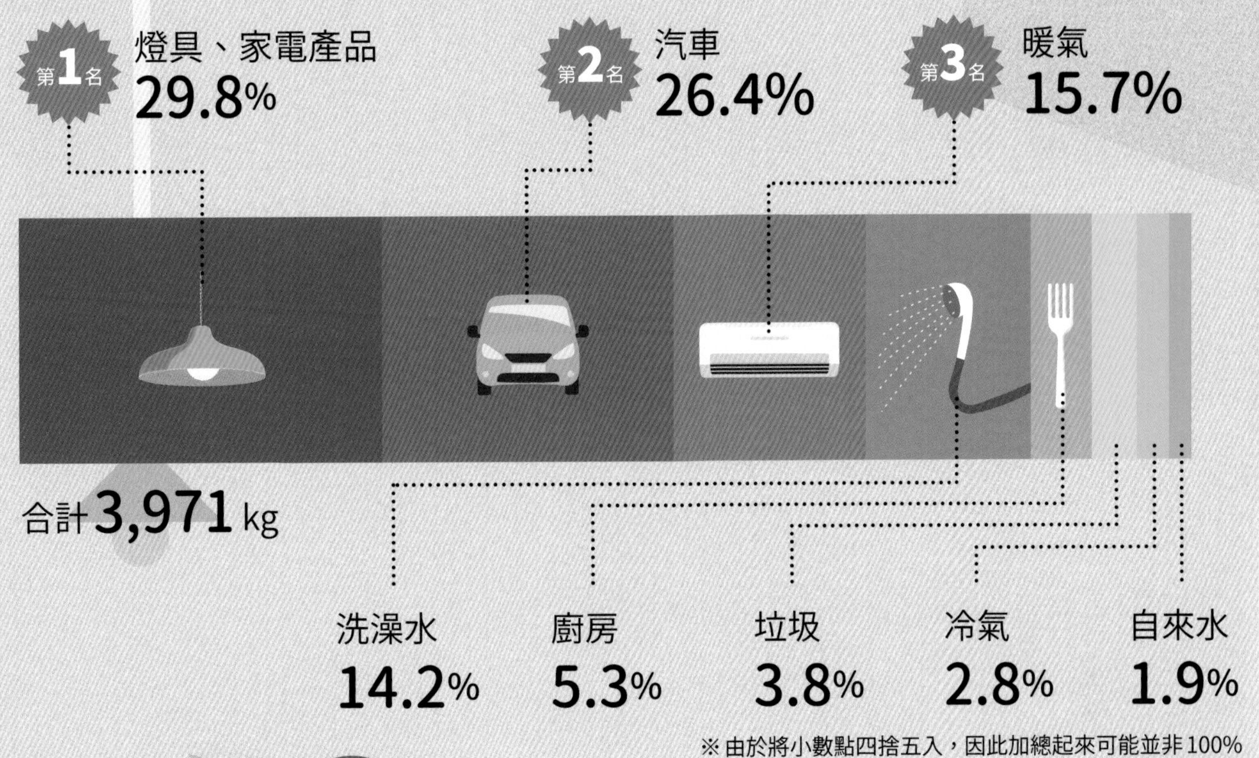

※由於將小數點四捨五入，因此加總起來可能並非100%

為了實現減碳社會，從家庭排放出的二氧化碳也和其他部門一樣，必須大幅縮減才行。

臺灣由家庭排放之二氧化碳量的變化與目標

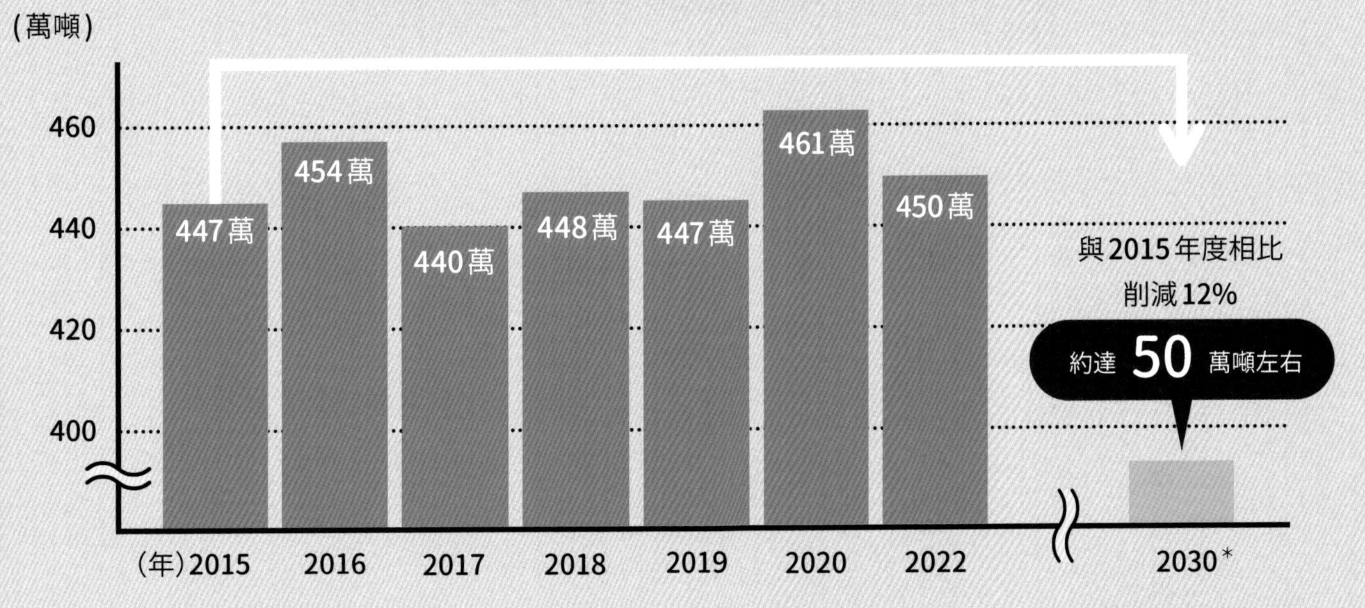

＊根據經濟部能源局計畫
引用：依據110年度我國燃料燃燒二氧化碳排放統計與分析製表

想想看我們周遭有哪些物品會排放二氧化碳？

我們在日常生活當中會使用各式各樣的物品對吧？有些物品在使用的時候並沒有排放二氧化碳，但只要檢視它們的製造過程，就會發現並非如此。接下來我們就看看每樣物品從製造起到出售為止，會排放出多少溫室氣體吧。

日常周遭物品由製造至出售為止的溫室氣體排放量
（假設以 25 萬元購買這些產品的量時的排放情況）

日用品

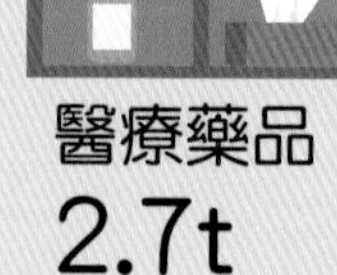

報紙 2.7t

筆記工具、文具 2.7t

醫療藥品 2.7t

玩具 2.6t

運動器材 3.7t

樂器 2.5t

家具

寢具 3.3t

木製家具 2.4t

時鐘 2.6t

金屬製家具 4.4t

電燈照明工具 2.9t

地毯等鋪在地板上的東西 6.4t

※ 根據生產鏈回溯計算，若以 25 萬元購買該產品時，於生產時造成的溫室氣體數值，換算成二氧化碳排放量。

A. 南齋規介（2019）產業關聯表之環境負荷原單位檔案冊（3EID），國立環境開發法人國立環境研究所。

B. 依　據 Keiseike Nansai, Jacob Fry, Arunima Malik, Naoko Kondo (2020), Carbon footprint of Japanese health care services from 2011 to 2015, Resources, Conservation & Recycling , 152, 104525. 資料製作

食物

白米	魚貝類*	蔬菜	食用牛	豆類
14.2t	5.8t	4.8t	12.9t	10.3t

豬	雞	根莖類	水果	雞蛋
7.6t	6.7t	5.5t	4.8t	5.7t

＊淺海漁業

自來水
1.3t

廢棄物處理
15.9t

下水道
7.1t

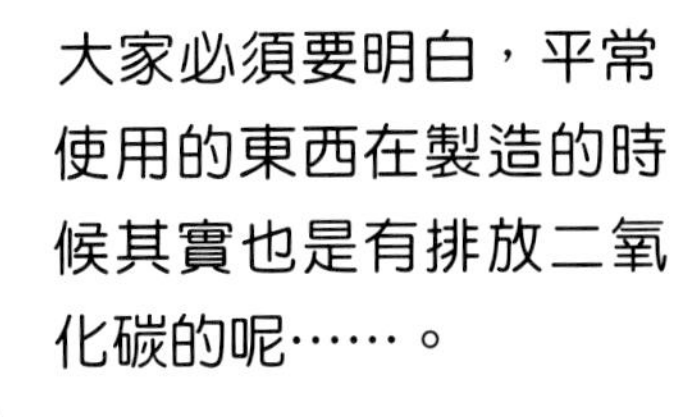

大家必須要明白，平常使用的東西在製造的時候其實也是有排放二氧化碳的呢……。

是啊。那麼我們能做些什麼呢？接著我們就在下一頁確認，為了減碳，我們每個人能做些什麼吧！

我們在家裡能做些什麼？

接下來我們就看看，在自己的日常生活當中，有哪些能夠立刻實行、並且馬上就可以降低二氧化碳排放量的方法吧。比方說使用再生能源打造出來的電力、留心在各處省電等等，大家都從小地方做起，自然就能夠大量減少排放了。

切換成再生能源

我們可以選擇與太陽能板廠合作，
在住家頂樓設置太陽能板。
這樣不但能切換使用再生能源的電力外，
也能有加強屋頂防漏的作用喔。

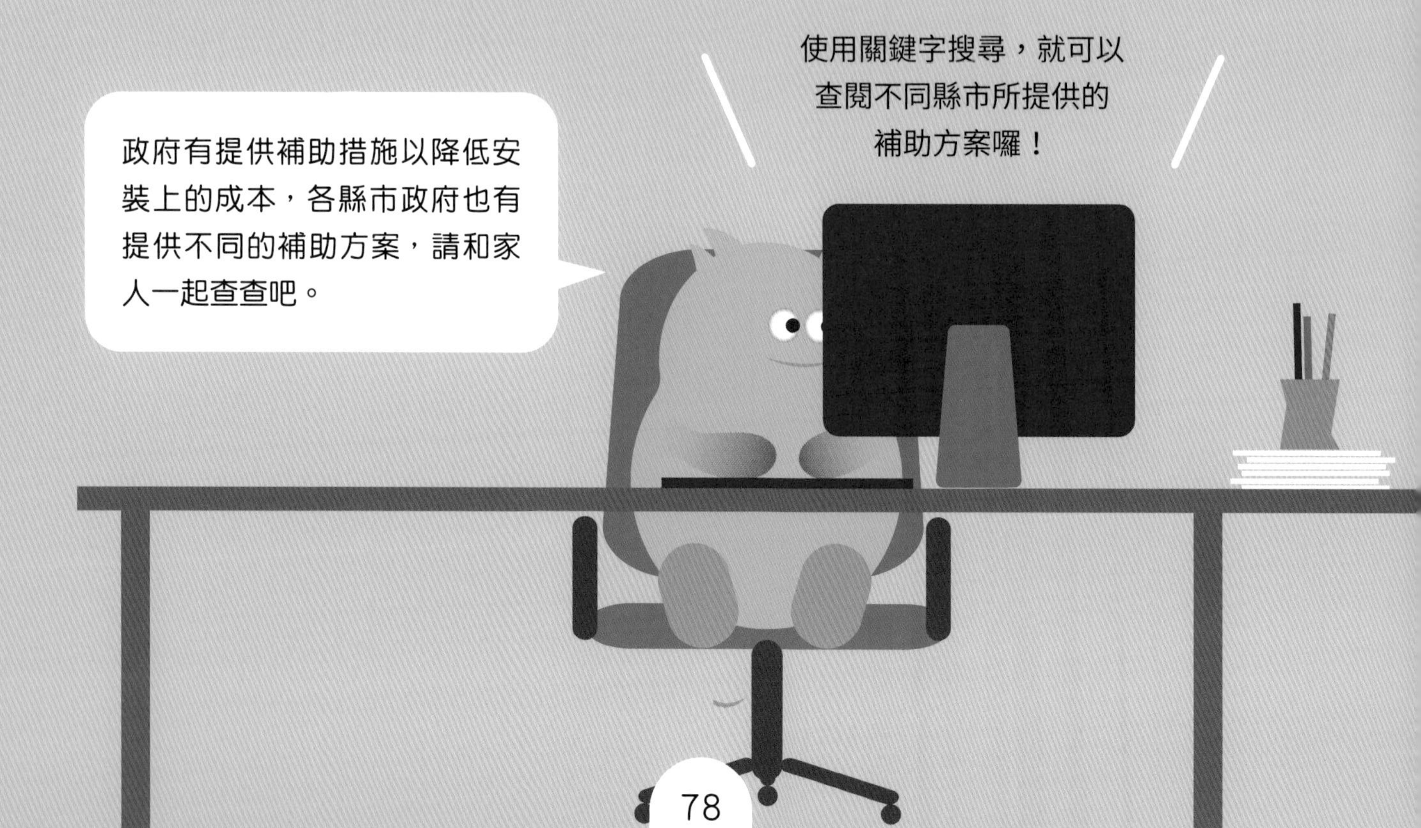

政府有提供補助措施以降低安裝上的成本，各縣市政府也有提供不同的補助方案，請和家人一起查查吧。
使用關鍵字搜尋，就可以查閱不同縣市所提供的補助方案囉！

維持適當室溫

配合當天溫度調整自己的服裝，不要將冷暖氣設定在過高或過低的溫度。

基本上來說冷氣大約是 28 ℃、暖氣則是 20 ℃。

節約用水

由於將水提供給家庭的時候需要用電，因此單純使用自來水，也會排放二氧化碳。而一般燒洗澡水都是使用天然氣加熱，這也會排放二氧化碳。請記得隨時關上水龍頭，同時不要浪費水。

也非常建議把淋浴用的蓮蓬頭更換為「省水蓮蓬頭」。

節能省電

為了讓自己使用的電力降到最低，就要早睡早起、降低晚上使用的電量；大家在同一個房間裡起居，這樣只需要使用一個房間的電力等，這些都能夠盡力去做到。

燈泡選用「LED 燈泡」也可以消耗較少電力，達成省電目的。

沒有在使用的家電產品就把插頭拔起來吧。就算沒有打開使用，有些產品只要插頭還插著就會耗電喔。

我們在交通工具方面能做些什麼？

我們為了降低二氧化碳排放量，最好也不要太常依賴交通工具。平常盡可能走路、或者騎腳踏車去辦事，也是對於環境比較友善的做法。

不以家庭用車移動

外出的時候不要開自己家裡的車，盡可能搭乘公車、鐵路等，利用這些二氧化碳排放量比較低的大眾運輸工具前往目的地。

當然，也有些人住在交通不便，需要開車的地方。因此並不是叫大家都不要開車，最重要的還是要思考，自己在可行的範圍裡能做些什麼。

包裹盡可能貨到就收

配送包裹大多會使用卡車等汽車，如果一再配送的話，就會增加二氧化碳排放量。因此大家平常可以留心指定包裹到貨時間，在第一次送來的時候就要收貨。

在長距離移動時多下點功夫

若前往旅行等，需要進行國內長距離移動的時候，請不要搭乘飛機，而是使用二氧化碳排放量較低的高鐵等大眾運輸工具。

選擇汽車共享服務

不買車，而是在需要的時候再使用借車服務。如此一來社會整體的汽車數量也會減少。

由登記過的會員們共享車子。要用車的時候可以使用智慧型手機上網預約。

買東西的時候盡可能一次購足需要的產品，這樣就不需要移動很多次了。

週末就到騎腳踏車或步行能夠抵達的地方玩耍，這也是對環境友善的行為。

我們在飲食方面可以做些什麼？

當我們在吃東西的時候，並不會有二氧化碳從食品中排放出來對吧。但是在製造食物的過程中，一直到它們被陳列在店面的架子上，都會排放二氧化碳唷。那麼我們應該改變什麼樣的飲食習慣，才能夠減少個人的二氧化碳排放量呢？

攝取蔬食

所謂蔬食是指平常吃蔬菜和大豆等以植物製作的食品。相較於那些用牛隻等動物製造的食品，以植物製造的食品所排放的二氧化碳等溫室氣體比較少，因此全世界都朝著盡可能邁向蔬食的方向前進。最近也開始有店家販售使用植物製成的肉類（替代肉），讓人能夠更接受蔬食。

家畜當中以牛的溫室氣體排放量最大

《世界家畜溫室氣體排放量》

家畜	排放量
牛	50.2億噸
豬	8.2億噸
雞	7.9億噸

※換算為二氧化碳

引用：依據聯合國糧食及農業組織（FAO）網頁資料製表

攝取當季及當地的食材

非當季的材料，是使用暖氣或者溫室等設施才能夠栽種出來的，對於環境的壓力很大。另外，從國外進口的食物在運送的時候也會排放二氧化碳。因此盡可能選擇當季的食材，而在購買相同食材的時候則選擇生產地比較近的食材。

減少食物浪費

食物浪費指的是還能吃卻被拋棄的食物。臺灣的食物浪費量平均多達 384 萬噸。購買的時候只買能吃完的量，或者冷凍保存起來等等，請大家盡量思考在家裡不要浪費食物的方法。

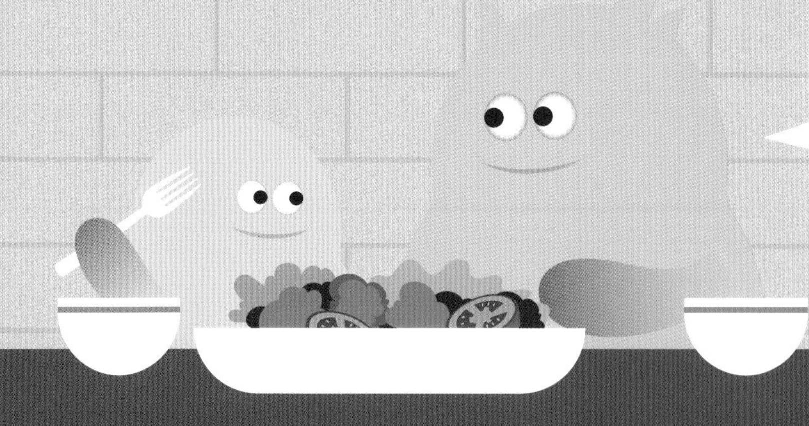

營養均衡也很重要，不能光是不吃肉就好了，最重要的還是要思考對於環境造成的負擔。還有，要把食物吃光光唷！

由於牛的身體結構，在打嗝或放屁的時候都會排放出甲烷，這也是造成溫室效應的氣體。人類開始吃牛以後大量增加了牛隻的數量，因此排放到空氣中的甲烷也變多了。

甲烷（CH_4）
溫室效應更強，捕捉熱能的能力約是二氧化碳 25 倍。

另外還有為了打造出牧草地而開拓森林，大量消費水和飼料穀物等問題。

買東西的時候應該要注意什麼事情呢？

有好多東西，我們都沒有好好使用就丟進了垃圾桶裡。那些被丟掉的東西，要是一開始就沒製造出來的話，便不會用到那些資源了，這樣也不致於白白排放出二氧化碳。因此我們每個人都要重新意識到自己必須進行垃圾減量，思考我們真正需要的東西是哪些才行。

減少垃圾的 4 個「R」

為了減少垃圾所需要採取的 4 個行動，英文開頭都是「R」。
因此統整起來稱為「4R」。

Refuse

拒絕不需要的東西

那些可能成為垃圾的東西，一開始就不要收下。

Reduce

減少會成為垃圾的東西

經常思考「這是我真正需要的東西嗎？」不要購買不需要的東西。

在超市選購那些保存期限快要到期的食品，就能夠減少食物浪費。

選擇沒有包裝的商品也不錯。

何謂循環型社會

就是藉由實行 4R，讓資源得以循環的社會。用過的資源以別種形式繼續使用，就能夠避免浪費資源、也可以減少溫室氣體排放量。

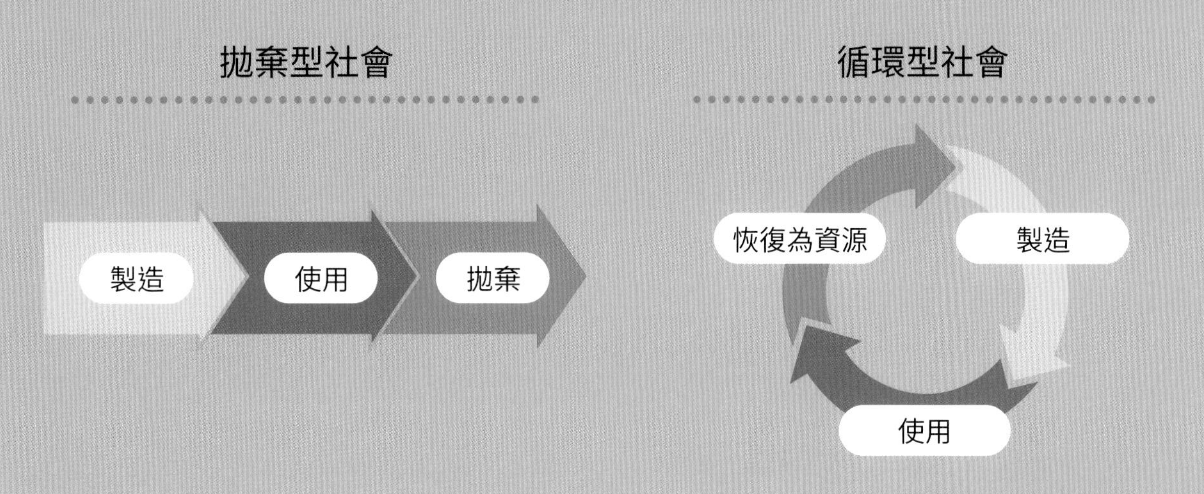

Reuse

重複使用物品

那些不需要的東西不要馬上丟掉，思考能夠活用它們的方法。

Recycle

回收物品

無法再次使用的物品，讓它們重新成為材料打造出新產品。

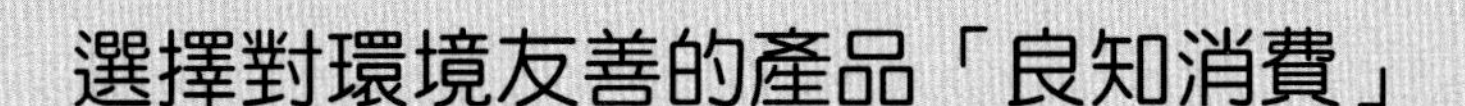

選擇對環境友善的產品「良知消費」

購買對於環境及社會友善的產品，這個行為稱為「良知（道德）消費」。不要以價格便宜或者單純好用為標準來選購物品，而是思考這個東西是如何被打造出來的、選擇這個東西對於世界會產生何種影響，然後再購買物品吧。

減碳社會與 SDGs 有著密切關係

應該有很多人聽過 SDGs 這個詞彙吧。目前根據各式各樣的問題設定了 17 個 SDGs 的目標，其實朝減碳社會邁進，也能夠對達成 SDGs 大有貢獻。

何謂 SDGs

為了讓居住在地球上的所有人
都能夠永遠幸福生活而建立的目標

SDGs 是「Sustainable Development Goals（永續發展目標）」的簡稱

SDGs 的 17 個目標

目標 1 消除貧窮	目標 6 潔淨水與衛生
目標 2 消除飢餓	目標 7 可負擔的潔淨能源
目標 3 良好健康與福祉	目標 8 尊嚴就業與經濟發展
目標 4 優質教育	目標 9 產業創新與基礎設施
目標 5 性別平等	目標 10 減少不平等

減碳社會與 SDGs 的關係

目標 3
良好健康與福祉

工廠和汽車排放的廢棄會汙染大氣，對於人類的健康產生不良影響。一旦暖化更加嚴重，也會有更多人因為炎熱天氣而導致中暑或者罹患傳染病等，使健康惡化的人口增加。減碳社會能夠間接維持人們的健康。

目標 7
可負擔的潔淨能源

燃燒煤等化石燃料會排放大量二氧化碳，而且能夠採集的原料也有一定限度，繼續使用下去遲早會用完。必須增加再生能源的使用比例，讓所有人都有能源可用。

目標 12
負責任的消費與生產

除了製造東西的人外，使用的人也身負責任。為了不要浪費能源及資源，請做出不會排放二氧化碳的選擇和行動。

目標 13
氣候行動

若是增加二氧化碳排放量，會由於暖化影響而使氣候發生變異（長時間來看的氣候變化），人類也會越來越難以居住在地球上。每個人都要學習減碳，試著思考自己能做些什麼。

目標 17
夥伴關係

不管是實現減碳社會、還是要達成 SDGs，最重要的是大家互相協助。就算一開始獨自行動，只要呼朋引伴、請大家一起參與，就會變成一股龐大的力量。

目標 11 永續城市與社區
目標 12 負責任的消費與生產
目標 13 氣候行動
目標 14 水下生命
目標 15 陸域生命
目標 16 和平正義與有力的制度
目標 17 夥伴關係

思考減碳最重要的事情

就算知道以減碳社會作為目標有多麼重要，但每個人還是會有自己的立場和想法，因此要讓大家做出一樣的行動實在非常困難。最重要的還是每個人自身的想法。請在學習正確知識以後，自己判斷後行動吧。

1 別再保持完美主義

有時候想著要削減二氧化碳，或做一些對環境比較友善的活動，如果硬是勉強自己去做某些事情的話，不僅加倍勞累，也會因此而覺得痛苦。所以要好好思考自己能夠做到哪些事情，就算只是一小步，也應該要好好誇獎自己成功踏出那一步。

2 不要逼著別人一起做

覺得應該要攝取蔬食、購買對環境友善的產品，這些想法都是個人的自由。不能夠因為自己做出這樣的選擇，就逼著周遭的其他人也應該要做這些事情。就算只是獨自做著自己認為重要的事情，也還是能夠將這樣的想法傳達給其他人的。

3 要有自己的意見

不要一味接收書籍或電視的訊息，要認真思考你自己是怎麼想的？能夠用話語表達自己的意見，是相當重要的事情。為了提出自己的意見，必須要多多接觸其他人的想法和資訊，也可以和家人或朋友談論減碳的事情，收集自己需要的資訊。

最後介紹一些我們相當推薦的產品吧。

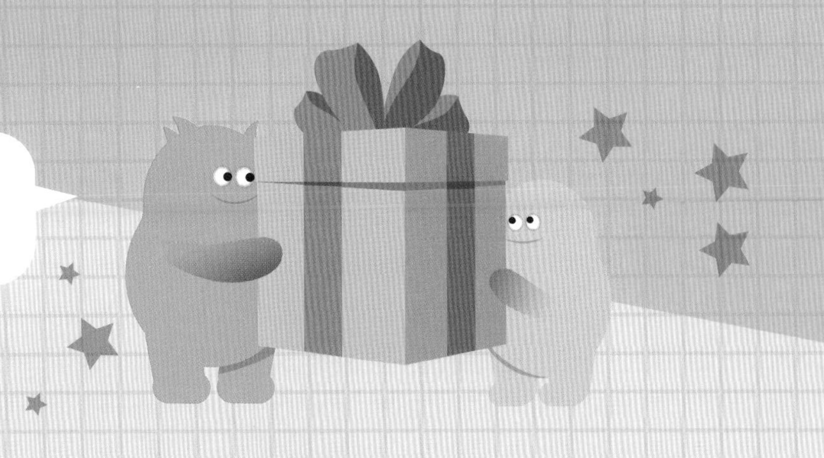

可重複使用的蜂蠟布

這是用蜜蜂巢穴提取的「蠟」來浸泡布料之後製作出來的材料。可以重複清洗使用，因此能夠減少用完即丟的保鮮膜消耗量。

植物肉

通常以植物蛋白為主要原料。口感上就跟肉沒有兩樣。可以用來製作各式各樣的料理，像是漢堡或者咖哩配料肉類的部分。

環保矽膠吸管

可以重複清洗使用的矽膠製吸管。有的要使用清潔刷清洗，有的可以把吸管直接拆開清洗，清洗起來很容易。收納方便，可以作為隨身攜帶的吸管。

堆肥箱

用來分解家庭產生的廚餘，製造成堆肥的容器。如果用製造好的堆肥施肥家庭菜園，就可以自己種無農藥的安全蔬菜。

※ 圖片來源：shutterstock

結語

何謂永續？

大家都有聽過「永續」這個詞彙。
這個詞是來自英文的 “sustainability”，
解釋起來就是「可持續的（＝永遠繼續下去）」。

是什麼東西永遠繼續下去呢？
正是人類和其他的動植物，
所有生物都能在地球上一直生活下去。
不要只顧著看當下，而是同時考慮未來，
思考是否應該要繼續做目前的行為。

比方說，如果今後持續使用化石燃料且增加用量，
那麼地球環境惡化以後，
就會引發異常氣候、也難以取得食物，
如此一來大家的生活和其他動物的生活，
很可能無法以現在這樣的狀態持續下去。
最糟糕的情況就是大家難以繼續在地球上生存。
這樣當然就不是永續了。

而永續社會和減碳社會的關係非常密切，
將減碳社會作為目標，
也可以說是為了要實現永續社會。

今後每個人的所有選擇，對社會來說都非常重要。
比方說選擇對環境友善的行動、購買對環境友善的產品……
這些日常的微小選擇都會改變地球的未來。

但是，為了要做出更好的選擇，必須要了解用來判斷的材料。
第一步就是要「求知」。

如果靠這本書「初步」了解減碳以後，
接下來或許可以讀稍微困難一點的書籍。
若是心中有任何疑問，就在網路上查詢看看吧。
大家都了解減碳社會，
也能夠進一步邁向永續社會。

從自己能做到的事情逐步行動，
大家一起打造美好的未來吧。
這是為了今後也能夠一直生活在這美麗的地球上……！

那麼，謝謝各位閱讀本書。
期望將來能再與大家相見。

更多值得學習的網站資源

聯合國永續發展目標

https://sdgs.un.org/

可以掃描
QRcode喔！

讓我們一起來聯合國專門架設的介紹網頁，詳細了解SDGs的17項目標吧！除了英文，也有中文版，對照著看還能一起學習雙語喔！

繪本多一點

https://www.picturebookmore.com/

可以掃描
QRcode喔！

讓繪本專家劉淑雯教授教你如何從閱讀中吸收知識，培養正確的永續觀念。另外還有Podcast，分享並帶給大家新的思考方向！第二季也有完整的SDGs介紹唷！

臺灣六都SDGs永續發展目標網站

臺北市

永續發展資訊網

新北市

永續環境教育中心

桃園市

SDGs網站

臺中市

永續低碳生活網

臺南市

低碳調適永續網

高雄市

氣候變遷及永續行動網

索引

參考資料

- 戸田直樹、矢田部隆志、塩沢文朗《碳中和實施戰略：電化與氫氣和氨氣》（暫譯，能源論壇）
- 訊息視覺研究所《從 14 歲開始：圖解氣候變化》（暫譯，太田出版）
- 訊息視覺研究所《從 14 歲開始：圖解脫碳社會》（暫譯，太田出版）
- 今村雅人《一目了然的圖解入門：最新氫能源的結構與動向》（暫譯，秀和 System）
- 江田健二、阪口幸雄、松本真由美《脫碳勢不可擋！展望未來的商業提示》（暫譯，成山堂書店）
- 鬼頭昭雄《異常氣象和全球變暖的未來在等待什麼？》（暫譯，岩波書店）
- 橘川武郎《能源轉移：再生能源成為主要能源之路》（暫譯，白桃書房）
- 井熊均、瀧口信一郎《巴黎協定下再生能源的大重組：將在世界三大市場發展的企業》（暫譯，日刊工業新聞社）
- 齋藤勝裕《為了脫碳時代的生存「能量」入門（精彩科普）》（暫譯，實務教育出版）
- 野澤哲生《能源革命：開拓蓄電池社會》（暫譯，日經商業出版社）
- 浦野紘平、浦野真彌《一目瞭然地球環境問題》（暫譯，Ohmsha）
- 森川潤《綠色巨人：脫碳商業帶動全球經濟》（暫譯，文春新書）
- 比爾．蓋茨著，張靖之、林步昇譯《如何避免氣候災難：結合科技與商業的奇蹟，全面啟動淨零轉型新經濟》（天下雜誌）
- 公益財團法人地球環境戰略研究機關（IGES）監修《測量，消除 CO2、1.5 °C大作戰》系列第 12 冊（暫譯，Saela 書房）
- 安田陽監修《一起來瞭解更多的再生能源》系列第 1 ～ 3 冊（暫譯，岩崎書店）
- 山家公雄《利用 RE100 與巴黎協定在 2020 年代生存：在日本實現電力改革和再生能源》（暫譯，Impress R&D）
- 奥山康子《如何測量二氧化碳排放量？》（暫譯，誠文堂新光社）
- 夫馬賢治《碳中和超入門》（暫譯，講談社）
- Ippanzaidan Hojin Energy Sogokogaku Research Institute《圖解碳中和：實現脫碳的潔淨能源系統（未來生態實用技術）》（暫譯，技術評論社）
- 《週刊 Economist》2020 年 12 月 8 日、2021 年 3 月 2 日、7 月 13 日、9 月 7 日（暫譯，每日新聞社）
- 《鑽石週刊》2021 年 2 月 20 日（暫譯，Diamond）
- 《東洋經濟週刊》2021 年 2 月 6 日（暫譯，東洋經濟株式會社）
- 《110 年我國燃料燃燒二氧化碳排放統計與分析》（臺灣經濟部能源局）

參考網站

- 日本氣象廳「日本年平均氣溫」https://www.data.jma.go.jp/cpdinfo/temp/an_jpn.html
- 日本氣象廳「長時間的海面溫度趨勢（日本附近海域）」https://www.data.jma.go.jp/gmd/kaiyou/data/shindan/a_1/japan_warm/japan_warm.html
- 日本國家環境研究所「溫室氣體清單」https://www.nies.go.jp/gio/aboutghg/index.html
- 日本農林水產省「水庫」https://www.maff.go.jp/j/nousin/bousai/bousai_saigai/b_tameike/
- 日本環境省「脫碳生活方式措施」https://www.env.go.jp/press/files/jp/113477.pdf
- 日本農林水產省「糧食損失」https://www.maff.go.jp/j/press/shokuhin/recycle/211130.html
- 日本環境省「零碳行動 30」https://ondankataisaku.env.go.jp/coolchoice/topics/20210826-01.html
- 世界糧農組織「全球畜牧業環境評估模型 (GLEAM)*」https://www.fac.org/gleam/results/en/

砂田優花／著

NewsPicks 經濟新聞網視覺故事設計師。以「通過視覺和故事的力量以通俗易懂的方式傳達新聞」為座右銘，負責文章寫作和設計。以通俗易懂的方式撰寫各種主題的入門文章，贏得許多粉絲的喜愛。《SDGs 永續計畫：新時代的減碳行動》是她的第一本著作。

森川潤／協作

1981 年生於美國。留學多倫多大學，畢業於京都大學文學院，後專攻於產經新聞，2011 年於 Weekly Diamond 任職，2016 年加入 NewsPicks。專長涵蓋技術、能源和文化。2019 年起擔任副總編輯兼紐約分社社長。《Quartz Japan》創刊主編。主要著作包括《蘋果帝國的真面目》（暫譯，合著，文藝春秋）和《綠色巨人：脫碳商業帶動全球經濟》（暫譯，文春新書）。

黃詩婷／譯

因喜愛日本傳統文化、文學、歷史與動漫畫而成為自由譯者，人生目標是以書籍譯者身分終老一生。

譯作參考個人網頁：http://zaphdealle.net/

國家圖書館出版品預行編目資料

SDGs永續計畫：新時代的減碳行動／砂田優花著;森川潤協作;黃詩婷譯.－－初版一刷.－－臺北市：三民，2023
面； 公分.－－（科學童萌）

ISBN 978-957-14-7644-5（精裝）
1. 環境教育 2. 環境保護 3. 永續發展

445.99 112007042

SDGs 永續計畫：新時代的減碳行動

作　　者｜砂田優花
協　　作｜森川潤
譯　　者｜黃詩婷
責任編輯｜鄭筠潔
美術編輯｜康智瑄

發 行 人｜劉振強
出 版 者｜三民書局股份有限公司
地　　址｜臺北市復興北路 386 號（復北門市）
　　　　　臺北市重慶南路一段 61 號（重南門市）
電　　話｜(02)25006600
網　　址｜三民網路書店 https://www.sanmin.com.tw

出版日期｜初版一刷 2023 年 8 月
書籍編號｜S300431
I S B N｜978-957-14-7644-5

三民書局